銲接機器人操作技術

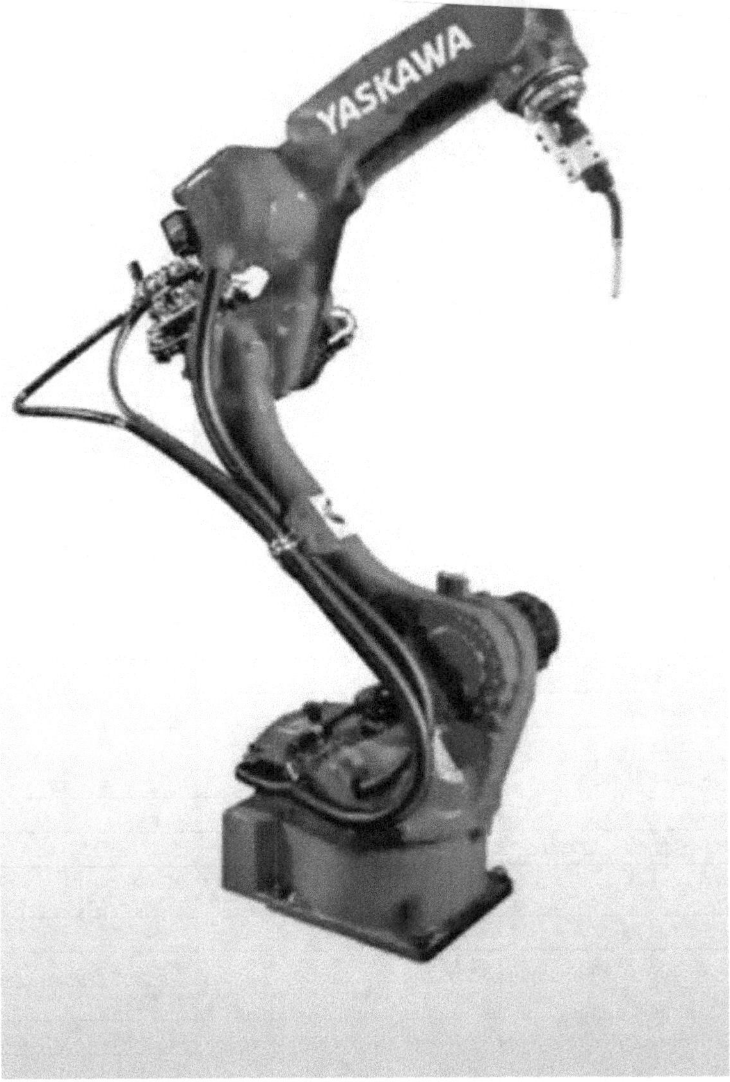

作者：王平會

日期：112.6.28

目錄

第一章 銲接機器人導論

　　隨著銲接技術人員的不足，以及對品質提昇的要求，板金業越來越多公司引進銲接機器人，又稱銲接手臂。機器人（Robot）是透過機械手臂移動到不同的位置點，進行銲接、塗裝、切割、抓取、偵測等目的。單一台手臂在同一時間只能做一種功能。板金業使用銲接機器人進行厚度 6mm 以下金屬（鋼、不銹鋼、鋁）的銲接，多數是做暫銲和表面銲接。銲縫多為直線或圓，較少不規則曲線。多數銲接不用開槽，只要在表面上增加銲道。除非有不漏水要求，否則不要求滲透。

　　銲接機器人基本的配備是手臂和熱源產生設備（CO_2銲接機、氬銲機、雷射發振器、電阻點銲機）、工作台(站)和基(底)座（圖 1-1A）。常見手臂和工作台固定在同一個固定式底座上（圖 1-1B）。

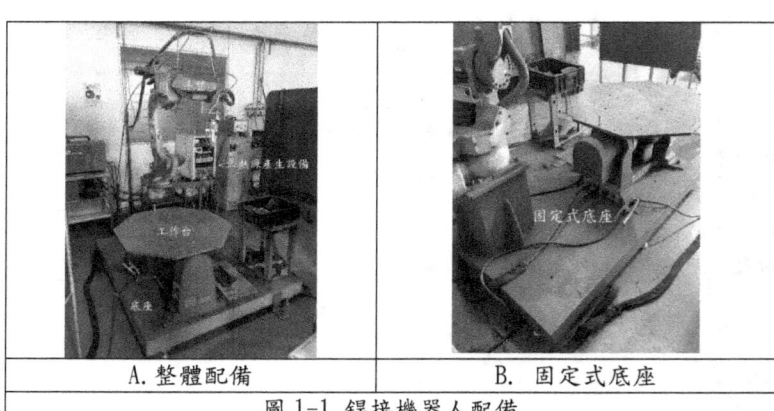

A. 整體配備	B. 固定式底座
圖 1-1 銲接機器人配備	

　　工作台(站)或稱定位台，有固定式、自動定位旋轉台(或稱銲接轉盤)。固定式不能變更位置。自動定位旋轉台能旋轉，有雙軸和單軸兩種（圖 1-2）。

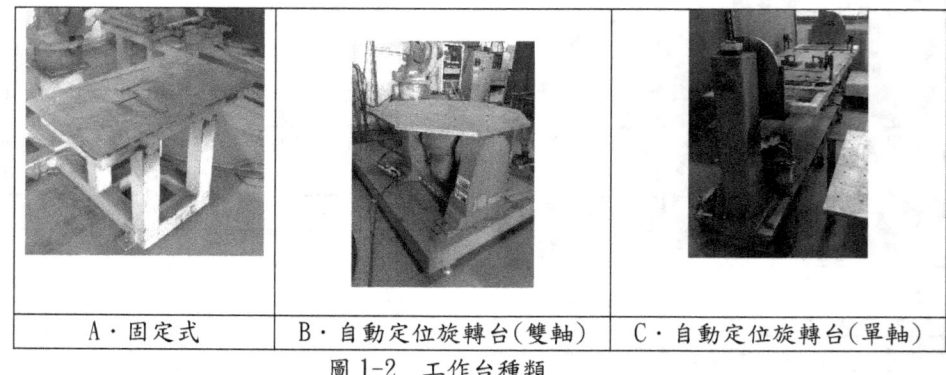

A·固定式	B·自動定位旋轉台(雙軸)	C·自動定位旋轉台(單軸)

圖 1-2　工作台種類

機械板金工廠內常見手臂種類，依序為 CO_2（圖 1-3）、氬銲（圖 1-4）、雷射（圖 1-5）。

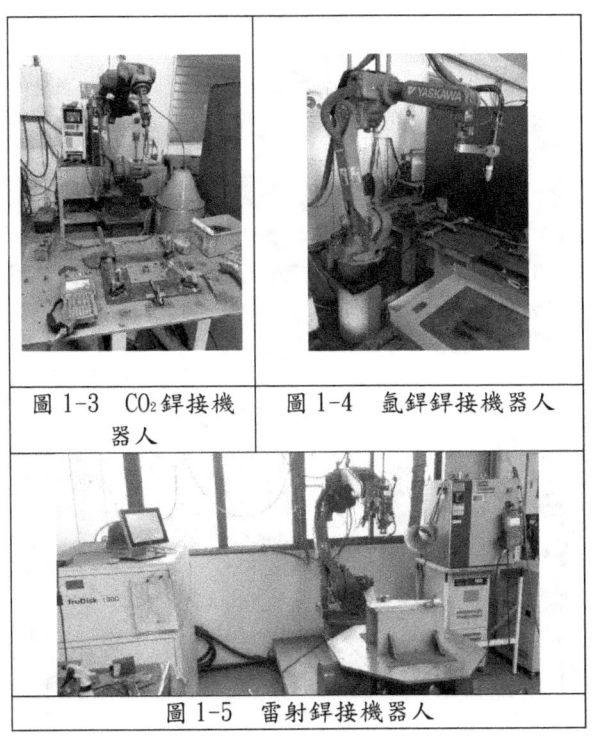

| 圖 1-3　CO_2 銲接機器人 | 圖 1-4　氬銲銲接機器人 |
| 圖 1-5　雷射銲接機器人 |

不同目的機械手臂，其移動軌跡設定方法都相同，那是基本功。不同目的之銲接手臂，軟體操作方式大致雷同，只在銲接條件設定和數字所在功能鍵功能略有差別。學會一種，就容易應用在另一種。

手臂操作人員不一定要有很高超的徒手銲接技術，但是需要對銲接機的性能與銲接技術原理有足夠的認識，就能輕輕鬆鬆駕馭機器手臂

本教材為訓練手臂操作人員所設計。層級分成初階、進階、高階、最高階。初階適合手臂作業員閱讀，依照已經架設好的夾治具和程式內容，將材料架設於夾治具上，進行銲接。銲接完，將工件歸定位即可。能寫程式點定位，或稱定位點程式。進階適合手臂初級技術員閱讀，會架設夾治具，調整程式內的定位點。能寫基本銲接程式。高階適合中、高階技術員閱讀，能寫織動銲接程式，調整銲接條件。最高階適合工程師閱讀，會設計夾治具，能寫銲接程式以完成銲接要求。進行程式管理，解決現場各種問題。

銲接機器人品牌多，本教材以日本 yaskawa 為介紹對象。機器人操作功能超多，囿於學疏才淺和篇幅，本教材只介紹銲接功能中的雷射、氬銲和 CO_2 銲接，未介紹電阻點銲。一個銲接手臂搭配可搭配多個工作站，本文以搭配一個工作站為限。因為在板金應用上較為單純，故無安裝銲接用偵測系統，可隨時偵測銲縫位置、二度空間銲縫追蹤及銲縫寬度，以便

隨時引導銲槍活動。初階、進階、高階內容較完整，最高階則只寫部份內容，仍有待後續補充。

壹、硬體介紹

　　共同具有手臂、工作台、底坐、NC 控制系統〔主機（DX-100 或 DX-200）、教導盒、啟動器〕、銲接設備（銲接機、送線裝置）、附屬配備（氣體管路）。早期的主機是 DX-100，近期是 DX-200，後者功能比前者多。

一、CO₂機器人

　　共有手臂（圖 1-6）、工作台、底座、NC 控制系統〔主機(圖 1-7)、教導盒(圖 1-8L)、啟動器(圖 1-9)〕、CO₂銲接設備〔銲接機(圖 1-10)、送線裝置(圖 1-11)〕、附屬配備〔CO₂氣體管路(圖 1-12)〕。

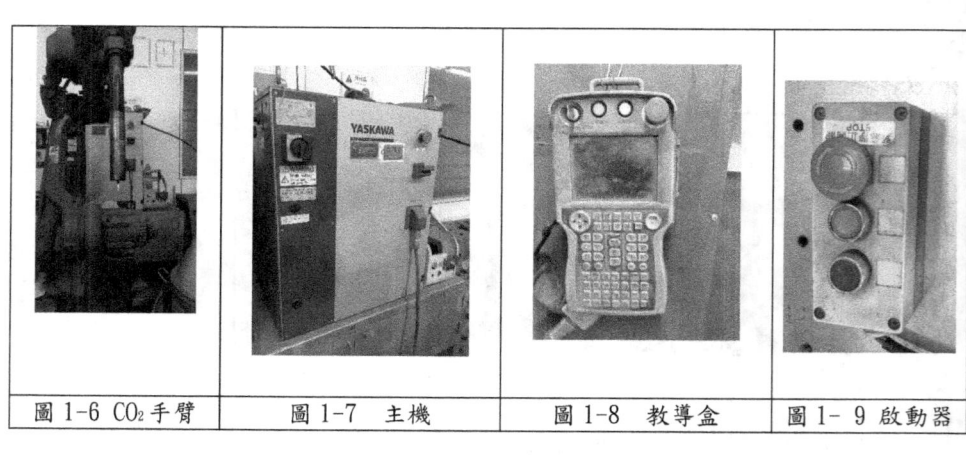

| 圖 1-6 CO₂手臂 | 圖 1-7　主機 | 圖 1-8　教導盒 | 圖 1- 9 啟動器 |

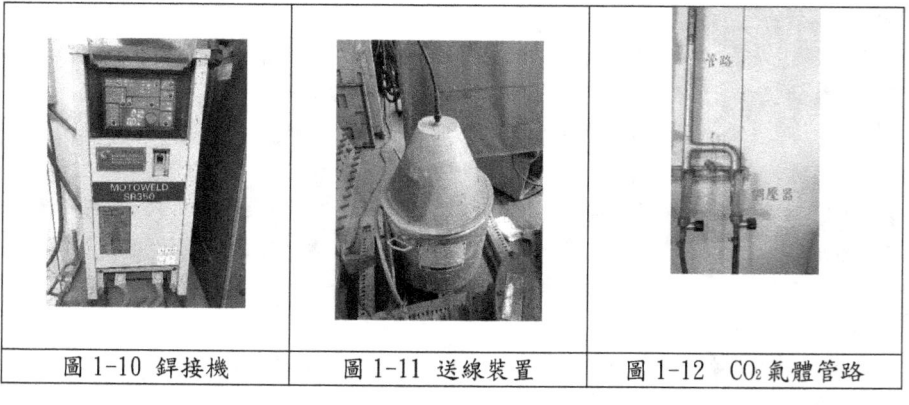

| 圖 1-10　銲接機 | 圖 1-11　送線裝置 | 圖 1-12　CO₂氣體管路 |

二、氬銲機器人

　　具有手臂（圖 1-13）、工作台、底坐、NC 控制系統〔主機（DX-100）、教導盒、啟

動器〕（圖 1-14）、氬銲銲接設備{氬銲機（圖 1-15）、送線器〔（圖 1-16）、送線控制器（圖 1-17）〕}、附屬配備〔冷水機（圖 1-18）、氬氣體管路（圖 1-19）〕。送線裝置屬於外加裝置，如果沒有安裝，就沒有送線功能。

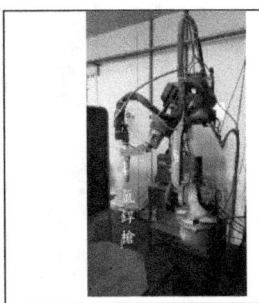
圖 1-13 氬銲手臂

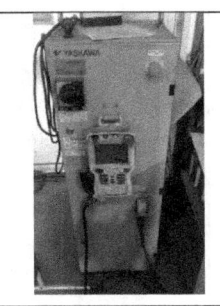
圖 1-14 NC 控制系統

圖 1-15 銲接機

圖 1-16 送線器

圖 1-17 送線控制器

圖 1-18 冷水機·

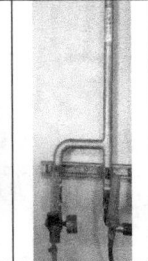
圖 1-19 氬氣管路

三、雷射機器人

具有手臂（圖 1-20）、工作台、底坐、NC 控制系統〔主機（DX-200，圖 1-21）、教導盒、啟動器、手動與自動切換器（圖 1-22）〕、AIO 電腦（圖 1-23）、雷射銲接設備〔（雷射發振器（圖 1-24）〕、附屬配備〔穩壓器（圖 1-25）、冷卻裝置（圖 1-26）、集塵裝置（圖 1-27）、氬氣體管路、高壓空氣管路（圖 1-28）〕。

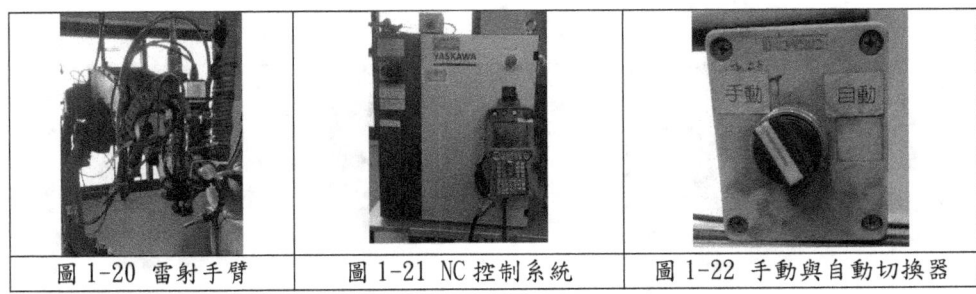
圖 1-20 雷射手臂　　　　圖 1-21 NC 控制系統　　　　圖 1-22 手動與自動切換器

圖 1-23 AIO 電腦	圖 1-24 雷射發振器	圖 1-25 穩壓器
圖 1-26 冷卻裝置	圖 1-27 集塵裝置	圖 1-28 高壓空氣管路

貳、開機作業

  以下為各種機器人開機的順序。開機前要先清除工作台及手臂移動範圍內之物件。

一、CO$_2$機器人

1. 打開銲接機電源

   將撥鈕往上撥，開啟銲接機（圖 1-29）。

2. 打開 NC 控制系統電源

   將轉鈕順時鐘轉到 ON（圖 1-30）。

3. 打開氣體

   調整調壓器，讓 CO$_2$氣體輸出壓力到達合適壓力（圖 1-31）。

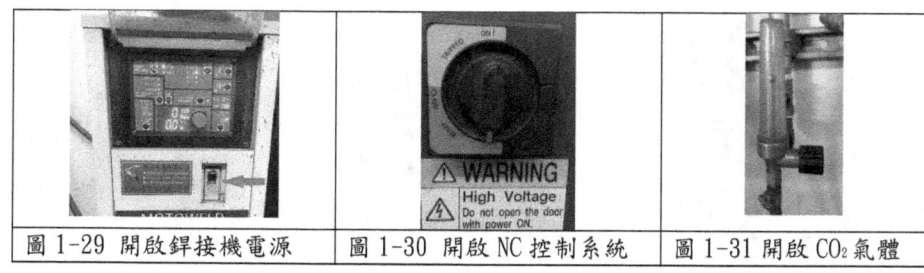

圖 1-29 開啟銲接機電源	圖 1-30 開啟 NC 控制系統	圖 1-31 開啟 CO$_2$氣體

二、氬銲機器人

    1. 打開銲接機電源

        將撥鈕往上撥，開啟銲接機（圖1-32）。

    2. 打開 NC 控制系統電源

        將轉鈕順時鐘轉到 ON（圖1-33）。

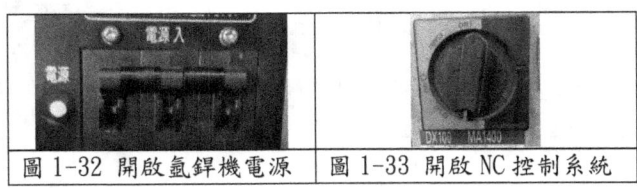

圖 1-32 開啟氬銲機電源	圖 1-33 開啟 NC 控制系統

    3. 打開送線裝置

        電源開關往上按，綠燈亮起，代表開啟成功（圖1-34）。

    4. 打開冷水機

        電源開關開啟後，會亮紅燈（圖1-35）。

    5. 打開氬氣

        調整調壓器，讓氬氣氣體輸出壓力到達合適壓力（圖1-36）。

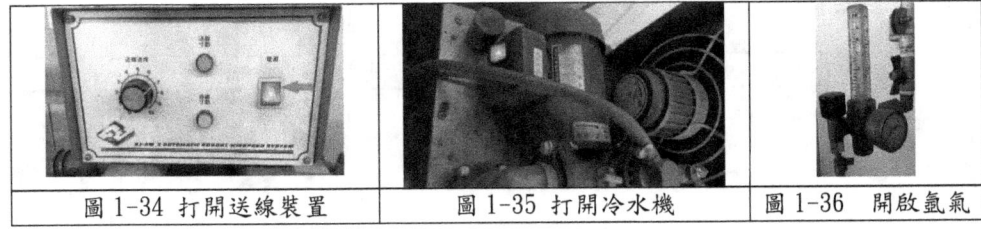

圖 1-34 打開送線裝置	圖 1-35 打開冷水機	圖 1-36　開啟氬氣

三、雷射機器人

    1. 打開穩壓器電源

        按下 POWER ON 按鈕，開啟穩壓器電源（圖1-37）。

    2. 打開冷卻裝置

        按綠色按鈕，會亮起綠色燈，代表開啟成功。下面會出現溫度資訊（圖1-38）。

    3. 打開 NC 控制系統電源

轉鈕順時鐘轉到 ON（圖 1-39）。

圖 1-37 打開穩壓器電源	圖 1-38 打開冷卻裝置	圖 1-39 打開 NC 控制系統電源

4. 打開雷射發振器

　　按壓最上面的 I 鈕（圖 1-40），亮起白燈。接著白、藍光相互閃爍（圖 1-41）。等到發振器準備好時，三個燈全亮（圖 1-42）。

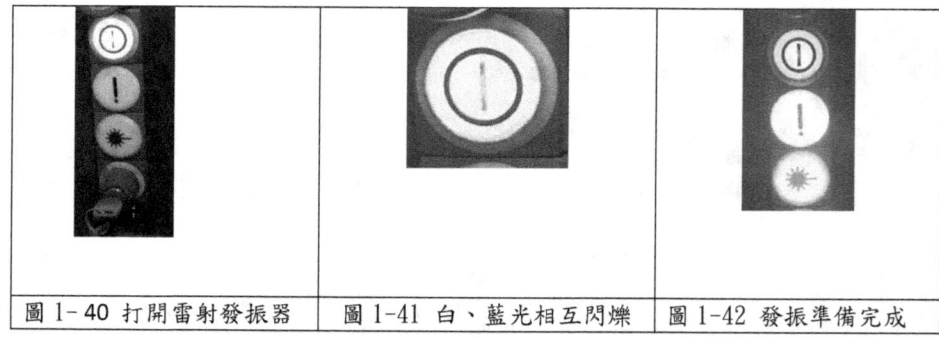

圖 1-40 打開雷射發振器	圖 1-41 白、藍光相互閃爍	圖 1-42 發振準備完成

5. 打開 AIO 電腦

　　到 AIO 電腦後面，將電源按鈕往上按（圖 1-43）。螢幕亮起（圖 1-44），一段時間以後，出現呈現灰色畫面，並有十字紅線，代表完成啟動（圖 1-45）。

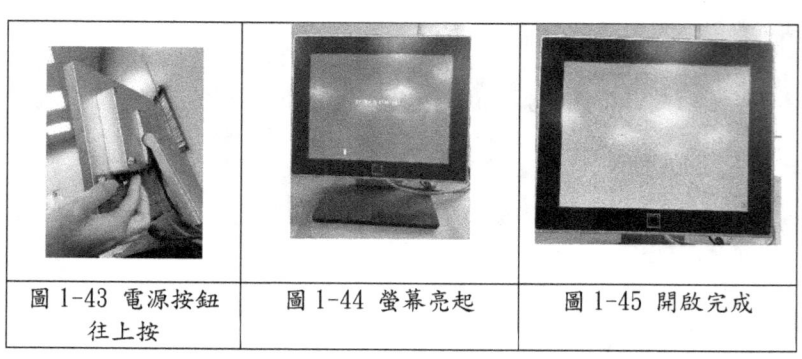

圖 1-43 電源按鈕往上按	圖 1-44 螢幕亮起	圖 1-45 開啟完成

6. 打開氬氣

　　打開氬氣管路。

7. 打開高壓空氣

　　讓閥門與管路成一直線，氣體能流出。

8. 打開集塵裝置

　　按下綠色按鈕，進行抽氣作業（圖 1-46）。

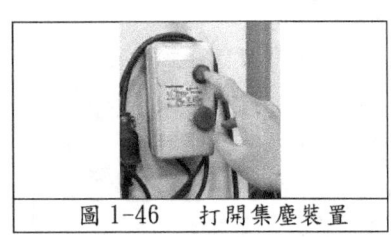

圖 1-46　打開集塵裝置

9. 手動與自動切換器轉到手動位置

參、關機作業

一、CO_2 機器人

1. 關閉氣體

　　　閥門轉到與管線呈垂直，旋鈕順時鐘旋轉到底（圖 1-47）。

2. 關閉 NC 控制系統電源

　　　轉鈕反時鐘轉到 OFF（圖 1-48）。

3. 閉銲接機電源

　　　撥鈕往下撥，關閉電源（圖 1-49）。

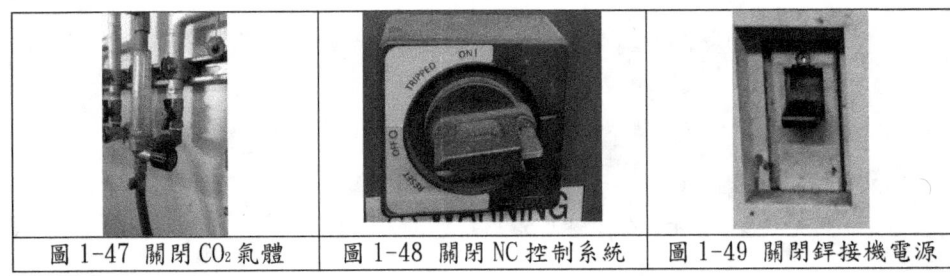

圖 1-47 關閉 CO_2 氣體　　圖 1-48 關閉 NC 控制系統　　圖 1-49 關閉銲接機電源

二、氬銲機器人
  1. 關閉氬氣
      閥門轉到與管線呈垂直，旋鈕順時鐘旋轉到底（圖1-50）。

  2. 關閉冷水機
      按下方的「0」，電源關閉後，紅燈滅掉（圖1-51）。

  3. 關閉送線裝置
      按下方的「0」，電源關閉後，綠燈滅掉（圖1-52）。

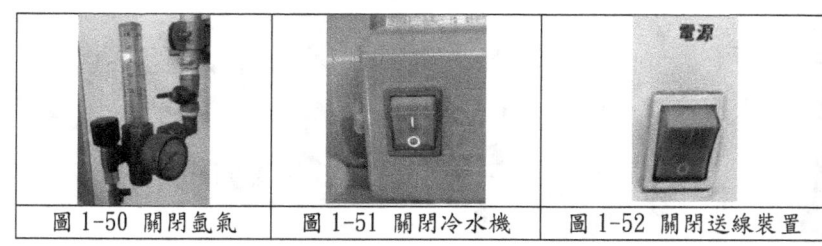

圖 1-50 關閉氬氣	圖 1-51 關閉冷水機	圖 1-52 關閉送線裝置

  4. 關閉 NC 控制系統
      轉鈕反時鐘轉到 OFF（圖1-53）。

  5. 關閉氬銲機
      將撥鈕往下撥，關閉銲接機（圖1-54）。

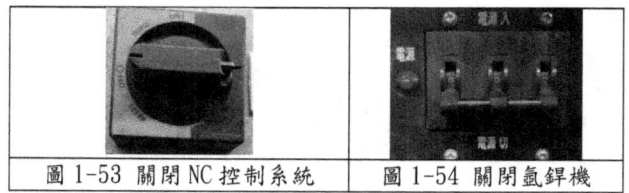

圖 1-53 關閉 NC 控制系統	圖 1-54 關閉氬銲機

三、雷射機器人
  1. 關閉高壓空氣
      讓閥門與管線呈垂直。

  2. 關閉氬氣

  3. 關閉雷射發振器
      按壓上面的 I 鈕（圖1-55）。

4. 關閉 NC 控制系統電源

　　轉鈕轉到 OFF。

5. 關閉 AIO 電腦

　　將電源按鈕往上按（圖 1-56）。

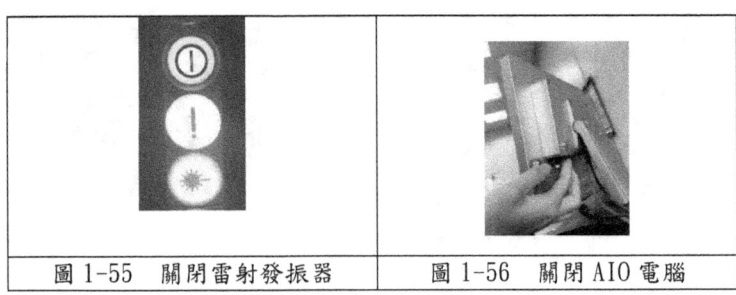

| 圖 1-55　關閉雷射發振器 | 圖 1-56　關閉 AIO 電腦 |

6. 關閉冷卻裝置

　　按 I/O 鈕（圖 1-57）。

7. 關閉穩壓器電源

　　按下紅色按鈕（圖 1-58）。

8. 關閉集塵裝置

　　按下紅色 OFF 鈕（圖 1-59）。

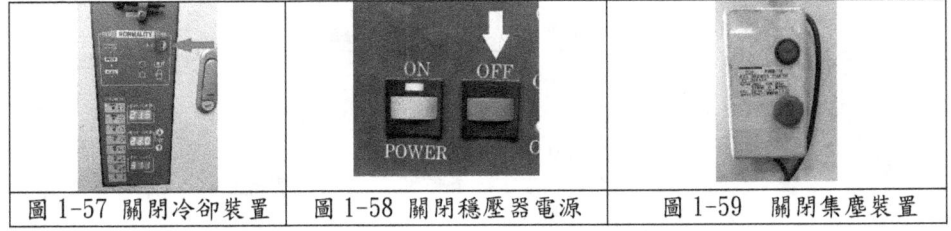

| 圖 1-57　關閉冷卻裝置 | 圖 1-58　關閉穩壓器電源 | 圖 1-59　關閉集塵裝置 |

肆、教導盒

　　相當於一部 NC 控制系統的控制器，使用按鍵和觸控螢幕，可以寫程式、操作手臂運動速度與姿勢、執行實際銲接、機器校正等許多功能。

　　早期的教導盒有簡體字版，近期為繁體字（圖 1-60）。教導盒介紹順序為從上到下、從左到右，由前到後。常用者先行介紹，其他的在後面篇幅內介紹。

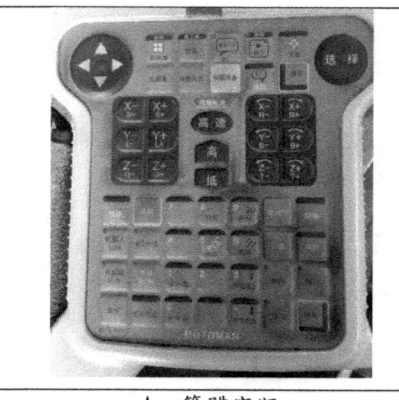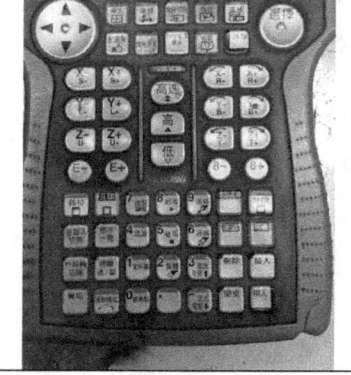

A·簡體字版	B·繁體字版

圖 1-60　不同中文字體教導盒

一、轉鈕、按鈕和按鍵

1. 轉鈕（switch）

　　模式轉（旋）鈕可執行模式切換。有 TEACH（教導）、PLAY（執行）和 REMOTE（遙控）等三種模式（圖 1-61）。編寫程式和模擬運動狀態用 TEACH 模式。執行實際銲接或模擬銲接操作用 PLAY 模式。使用遙控裝置時用 REMOTE 模式。一般只用到前兩種。

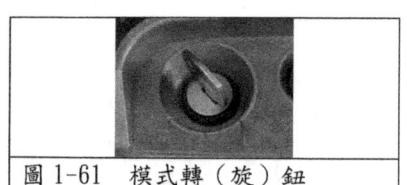

圖 1-61　模式轉（旋）鈕

2. 按鈕(button)

① 開始按鈕（Start button）

　　在 PLAY 模式下，按下此鈕可以開啟執行實際銲接操作。在啟動器上有相同功能的按鈕（圖 1-62）。

② 暫停按鈕（Hold button）

　　在 PLAY 模式下，按下此鈕可以暫時停止執行銲接操作。在啟動器上有相同功能的按鈕，只是顏色是紅色（圖 1-63）。

③ 緊急停止按鈕（Emergency stop button）

　　出現如撞機等重大意外時，按下此鈕可以停止執行一切動作，要等故障排除後，才能繼續重新操作。在啟動器、主機、雷射發振器上都有一個相同功能

的按鈕（圖 1-64）。

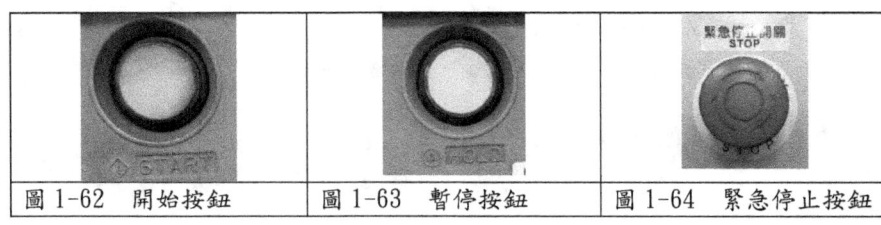

| 圖 1-62　開始按鈕 | 圖 1-63　暫停按鈕 | 圖 1-64　緊急停止按鈕 |

④ 啟動開關(Enable switch)

　　　　位於教導盒後方，搭配伺服電源備妥下，輕握時可以讓手臂運動。用力過猛，反而斷電（圖 1-65）。

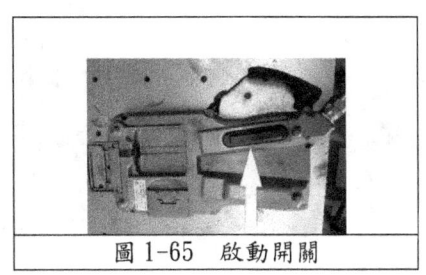

圖 1-65　啟動開關

3. 按鍵（key）

　　　　按鍵都在螢幕下面，分成上面（圖 1-66）、中間、下面三個區塊。

圖 1-66　上面區塊按鍵

① 游標鍵(Cursor key)

　　　　位於最左邊，能讓螢幕內的游標上下左右移動。

② 座標鍵(COORD key)

　　　　能切換不同座標系統。利用座標系統去移動手臂終(尾、前)端的位置和角度

③ 伺服電源備妥鍵(SERVO ON READY key)

能提供電源，讓手臂運動。

④ 清除鍵（CANCEL key）

　　能消除障礙說明、輸入資料等功能。

⑤ 選擇鍵（Select key）

　　出現字母螢幕鍵盤等，可供輸入文字、數字及特殊符號。

⑥ 軸操作鍵（Axis keys）

　　在中間區左右兩側，可控制手臂移動及旋轉式工作台轉動（圖1-67）。

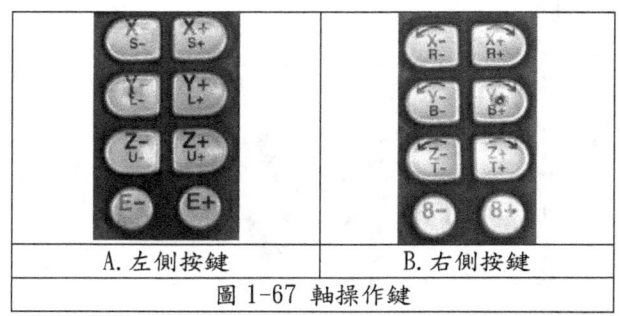

A. 左側按鍵	B. 右側按鍵
圖1-67 軸操作鍵	

⑦ 手動速度鍵（Manual speed keys）

　　用手動操控手臂運動速度加快或變慢。有高（FAST）和低（SLOW）兩個（圖1-68）鍵。

⑧ 高速鍵（HIGH SPEED key）

　　用手動操控下，使手臂運動速度加快速度達手控速度的最高速（圖1-69）。

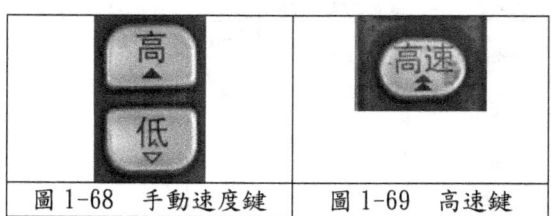

圖1-68 手動速度鍵	圖1-69 高速鍵

⑨ 數字鍵（Numeric keys）

　　輸入數值、小數點及短橫線（圖1-70）。

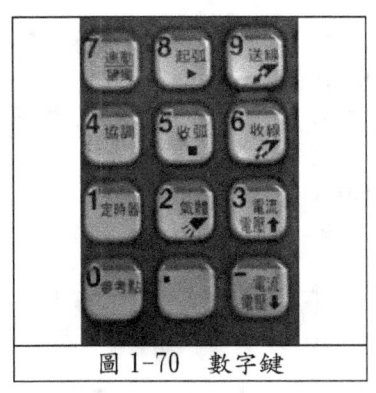

圖 1-70　數字鍵

⑩ 功能鍵（Function keys）

位於數字鍵上，可設定起電弧起弧、收弧；停滯時間；氣體送出、停止等功能。

⑪ 移位鍵（SHIFT　key）

有兩個，左右對稱。搭配其他按鍵，可做出相關功能（圖 1-71）。

⑫ 運動模式鍵（Motion Type key）

或稱移動指令鍵、補間鍵。可設定定位點之間的運動方式，有直線、圓弧、不規則曲線等（圖 1-72）。

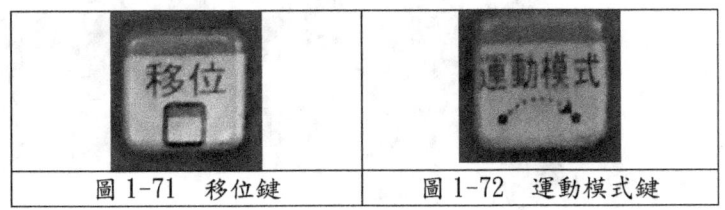

| 圖 1-71　移位鍵 | 圖 1-72　運動模式鍵 |

⑬ 後退鍵（BWD key）

讓手臂依定位點或程式順序倒退走（圖 1-73）。

⑭ 前進鍵（FWD Key）

讓手臂依定位點或程式順序走（圖 1-73）。

⑮ 刪除鍵（DELETE key）

可刪除資料、定位點、程式等功能（圖 1-73）。

⑯ 插入鍵（INSERT key）

可新增資料、定位點、程式等功能（圖 1-73）。

⑰ 變更鍵（MODIFY key）

可變更資料、定位點、程式等功能（圖1-73）。

⑱ 輸入鍵（Enter key）

可登錄資料、定位點、程式於螢幕之中（圖1-73）。

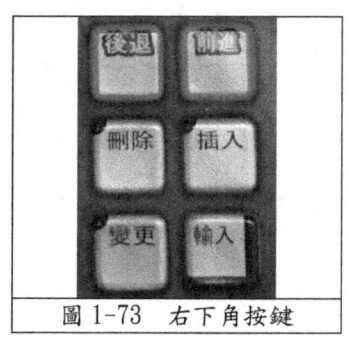

圖1-73　右下角按鍵

二、螢幕內容

共有五個區域，如（圖1-74）所示，分別是功能表區（menu area）、狀態顯示區（Status display area）、主功能表區（Main menu area）、資料顯示區（General-purpose display area）和訊息顯示區（Human interface display area）。

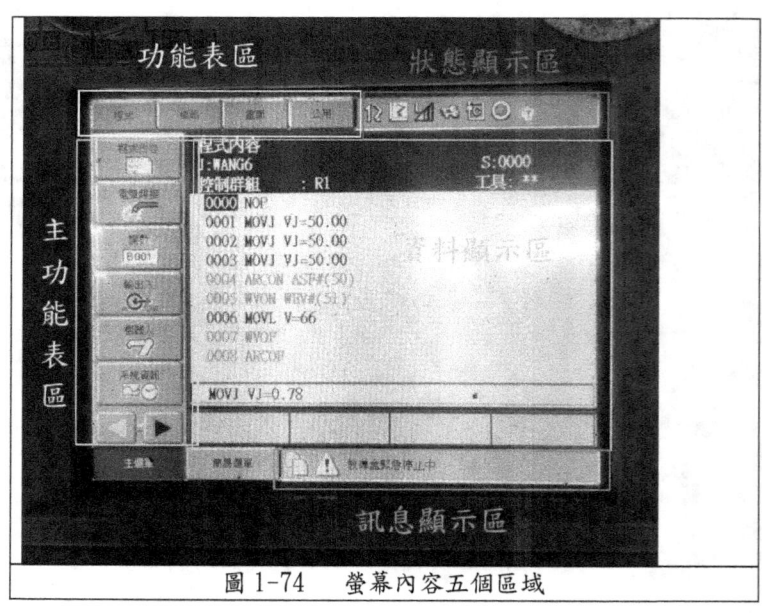

圖1-74　螢幕內容五個區域

1. 功能表區

　　　亦稱選單區域。有程式、編輯、畫面及公用四個項目。選此按鈕會出現相
對應的下拉功能表。在 TEACH 和 PLAY 模式下，四個項目下拉功能表內容有所不
同。

① 程式項目（JOB item）

　　　位於螢幕左上角，多數呈現「程式」、有時呈現「資料」。可以看到程式內
容、叫出程式、建立新程式、限定操作模式下的執行程式名稱等。依轉鈕模
式、編寫程式或展示資料情況而不同（如圖 1-75，1-76）。

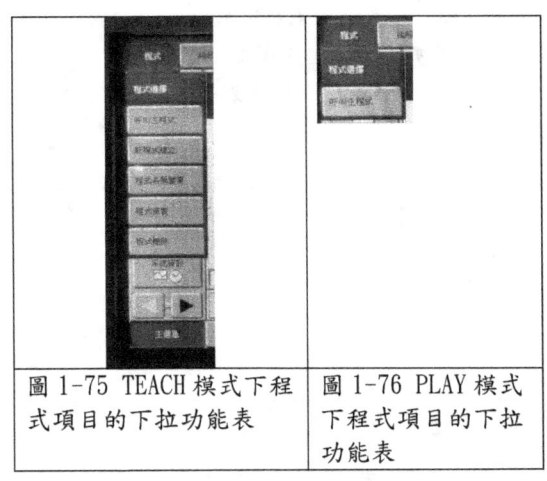

圖 1-75 TEACH 模式下程式項目的下拉功能表	圖 1-76 PLAY 模式下程式項目的下拉功能表

② 編輯項目（Edit item）

　　　可看到程式首行或最末一行、搜尋程式內資料、貼上程式、更改手臂速度
等功能。

③ 畫面項目（Display item）

　　　可決定螢幕中是否顯示程式點編號、工具編號等。

④ 公用項目（Utility item）

　　　可做特殊運轉設定等。

2. 狀態顯示區

　　　位於螢幕右上方。可顯示機器運轉的各種狀態資訊，如座標種類、安全模式、
執行狀態等。讓操作者可了解機器現況。在 TEACH 和 PLAY 模式下，呈現畫面內容會
所有不同（圖 1-77）。

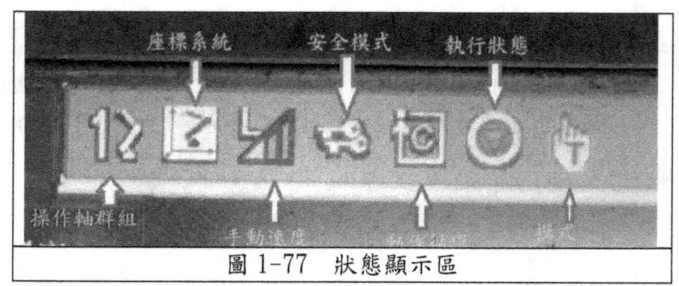

圖 1-77　狀態顯示區

① 操作軸群組（Group operation axis）

　　亦稱可進軸的操作軸組（圖 1-78）。可顯示手臂、工作台、基座的搭配組合（圖 1-79）。手臂在基座上移動的示意圖如圖 1-79 所示。一個 DX-200 的 NC 控制系統可控制手臂最多 8 支、工作台最多 24 台、行走軌道基座最多 8 座（圖 1-80）。圖 1-81 顯示一支手臂搭使用固定基座，搭配三個工作台的情形。

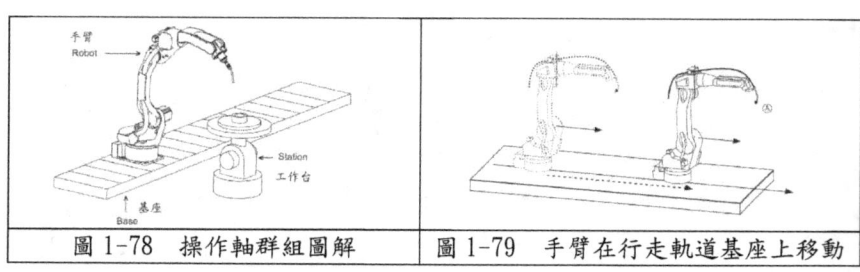

圖 1-78　操作軸群組圖解	圖 1-79　手臂在行走軌道基座上移動

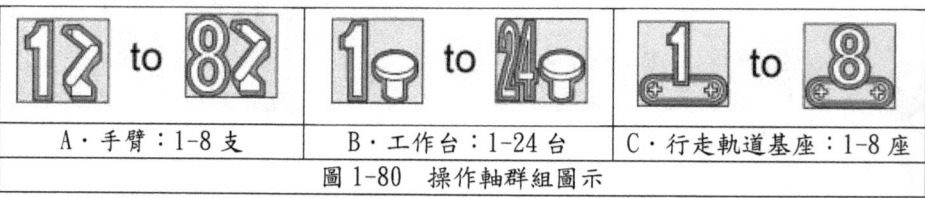

A・手臂：1-8 支	B・工作台：1-24 台	C・行走軌道基座：1-8 座

圖 1-80　操作軸群組圖示

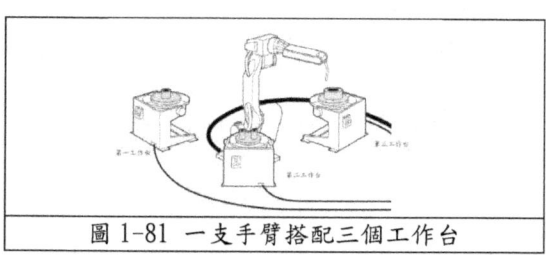

圖 1-81　一支手臂搭配三個工作台

② 座標系統（Operation coordinate system）

　　亦稱操作座標系統、動作座標系、簡稱座標系統。可看到目前操作的座標系統種類，通常只會看到 3 種座標（軸座標、直角座標和工具座標）。按

21

「座標」鍵，可進行切換（圖1-82）。

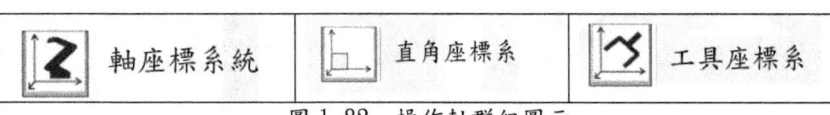

圖1-82　操作軸群組圖示

③ 手動速度（Manual speed）

可顯示選擇出的手動速度，按「手動速度」鍵，有寸動、低速、中速和高速等畫面（圖1-83）。

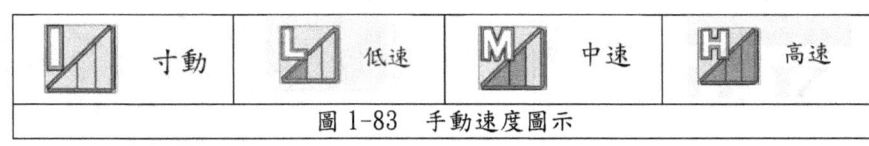

圖1-83　手動速度圖示

④ 安全模式（Security mode）

顯示使用者控制等級，鑰匙數目愈多，層級越高，權限越大。依序為操作、編輯和管理等級（圖1-84）。

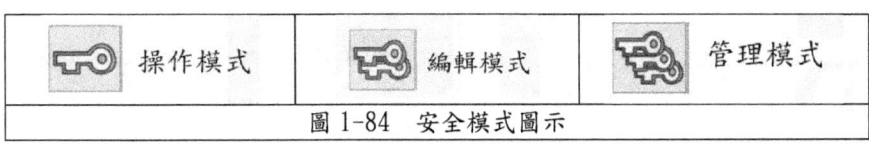

圖1-84　安全模式圖示

⑤ 動作循環（Operation cycle）

亦稱動作迴圈。有單步（Step）、循環（Cycle）和連續（Continuous）等三種畫面（圖1-85）。

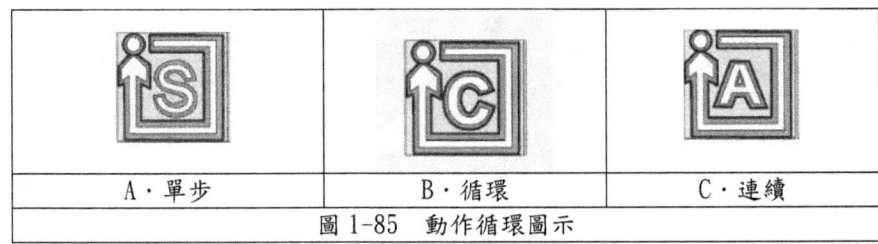

A·單步	B·循環	C·連續

圖1-85　動作循環圖示

⑥ 執行狀態（State under execution，）

稱執行中的狀態。顯示目前系統的狀態（停止、暫時停止、緊急停止、警報或操作中）如（圖1-86）所示。

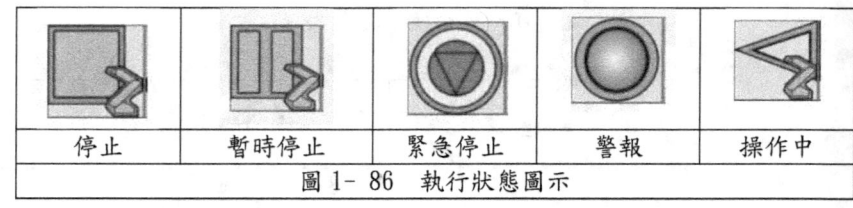

停止	暫時停止	緊急停止	警報	操作中
圖 1- 86　執行狀態圖示				

⑦ 模式（Mode）

　　顯示現在於 PLAY 或是 TEACH 模式（圖 1-87）。

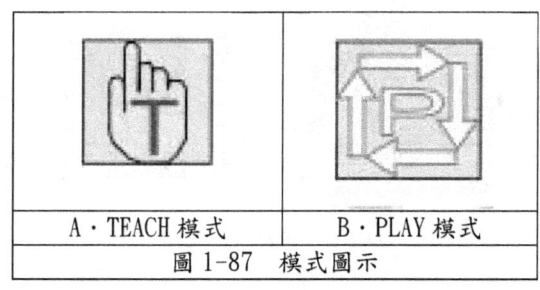

A‧TEACH 模式	B‧PLAY 模式
圖 1-87　模式圖示	

⑧ 工具編號（Tool number）

　　使用的工具編號，從 00-63 號。本教材沒有應用到，屬於高層次應用（圖 1-88）。

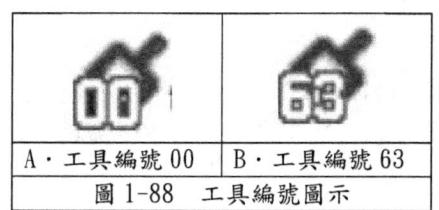

A‧工具編號 00	B‧工具編號 63
圖 1-88　工具編號圖示	

⑨ 頁面（Page）

　　顯示可被切換的頁面

3. 主功能表區

　　主功能表的項目較多，要分兩頁呈現，由下面的左右方向鍵來切換（圖1-89）。

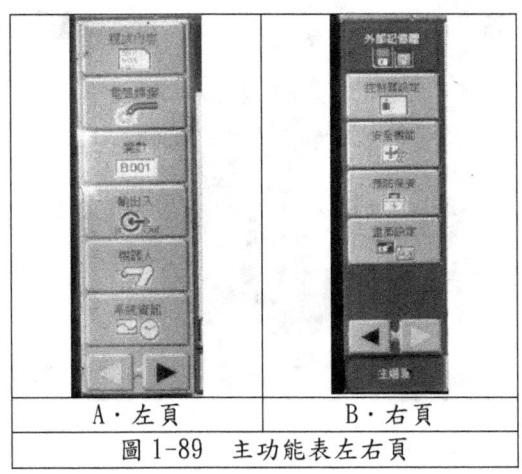

A・左頁	B・右頁
圖1-89　主功能表左右頁	

　　程式項目下的主功能表第二項，CO_2和氬銲手臂都是「電弧銲接」，而雷射手臂是「泛用」，有所不同（圖1-90）。

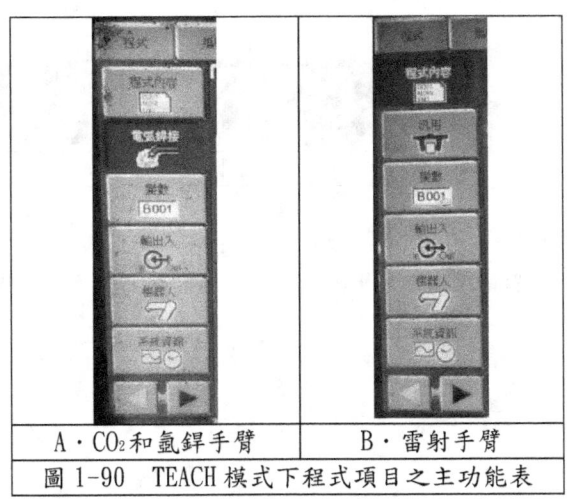

A・CO_2和氬銲手臂	B・雷射手臂
圖1-90　TEACH模式下程式項目之主功能表	

主功能表的每一個項目，選取後右側會出現對應的次功能表，次功能表內容會依 TEACH 或 PLAY 模式，出現不一樣的內容（圖 1-91）。

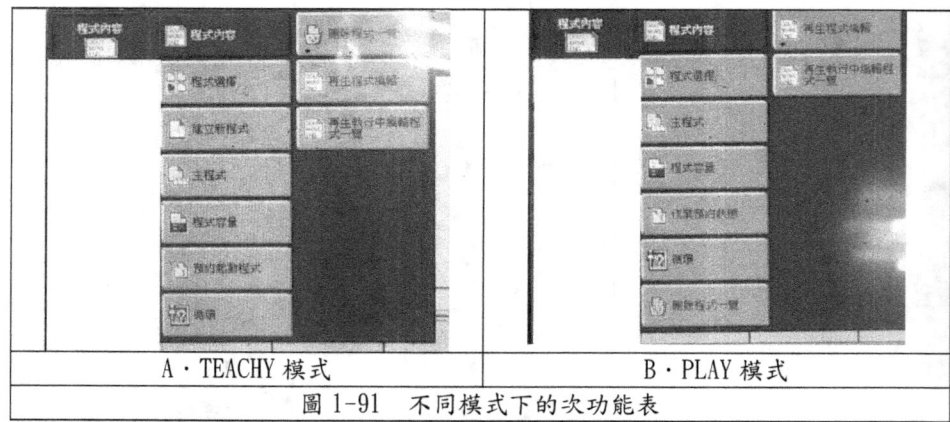

A・TEACHY 模式	B・PLAY 模式

圖 1-91　不同模式下的次功能表

4. 資料顯示區

　　可顯示程式內容等之視窗。視窗總類有多種，以程式視窗而言，可區分上視窗、中視窗、下視窗。

① 上視窗（Upper Window View）

　　位於視窗的上面區域，可顯示程式名稱、控制群組等資訊。在 TEACH 模式下，左上角出現「程式內容」；PLAY 模式下，呈現「再生」（圖 1-92）。

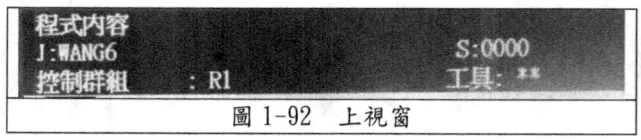

圖 1-92　上視窗

② 中視窗（Middle Window View）

　　位於視窗的中間區域，可顯示程式內容等資訊（圖 1-93）。

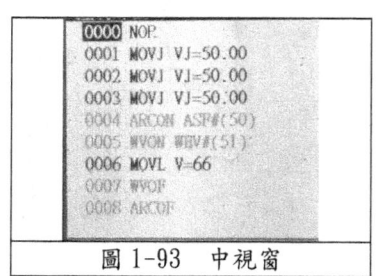

圖 1-93　中視窗

③ 下視窗（Lower Window View）

　　位於視窗的下面區域，可顯示特定程式列的設定參數資訊（圖1-94）。

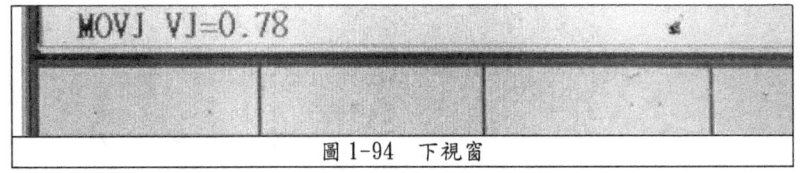

圖1-94　下視窗

5. 訊息顯示區

　　亦稱為「人機對話顯示區」。是電腦呈現錯誤訊息內容等，讓操作者設法去解決障礙（圖1-95）。

圖1-95　訊息顯示區內容

　　編寫程式時，當錯誤發生，無法編輯時，會出現錯誤原因。可以按「清除」鍵，消失錯誤訊息於訊息顯示區，才能繼續編輯。

　　當出現兩個以上錯誤時，按下「選擇」鍵，可看到多列的錯誤內容。

伍、定位點

　　我們用機械手臂模仿人手的銲接動作軌跡，手臂終端所在空間的位置〔CO_2銲銲線前端、氬銲的鎢棒尖端、雷射光集中點(焦點)〕，稱之定位點（Step），如圖1-96所示。每一個定位點都可寫出一條程式，又稱程式點。

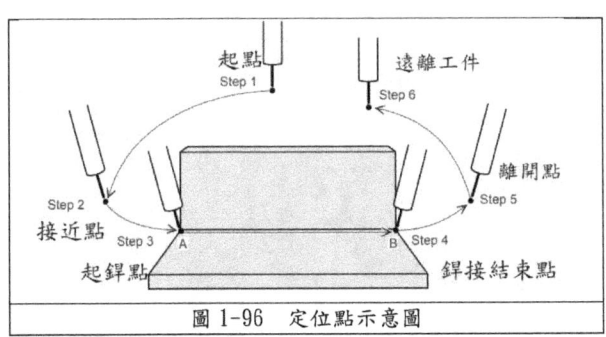

圖1-96　定位點示意圖

26

手臂前端槍頭所在位置，除了注意與材料之間的距離外，也要注意角度問題。在一直線銲縫上，槍頭始終與材料保持一定的距離，但是角度有所不同，機械手臂會自行運算，在過程中慢慢變換角度，如圖 1-97 所示。

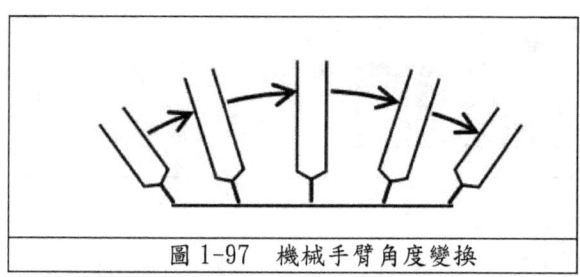

圖 1-97　機械手臂角度變換

第二章　銲接機器人操作初階

　　初階適合手臂作業員閱讀，依照已經架設好的夾治具和程式內容，將材料架設於夾治具上，進行銲接。銲接完，將工件歸定位即可。

壹、座標系統介紹

　　利用座標系統去控制手臂移動的位置與角度。座標系統在本品牌有八種，分別是軸座標（Joint Coordinates）、直角座標（Cartesian Coordinates）、圓柱座標（Cylindrical Coordinates）、工具座標（Tool Coordinates）、使用者座標（User Coordinates）、External Axis 、Control Point Operation、Teaching Line Coordinates 等。

　　多數教導盒配備軸座標、直角座標；多數人使用直角座標。

一、軸座標

　　軸座標亦用關節座標。手臂上面有多個關節，所謂六軸機器人(圖 2-1)，是指有六個關節。關節越多，越靈活。七軸機器人比六軸機器人有更多的彈性，能擺出較多的姿勢(圖 2-2)。

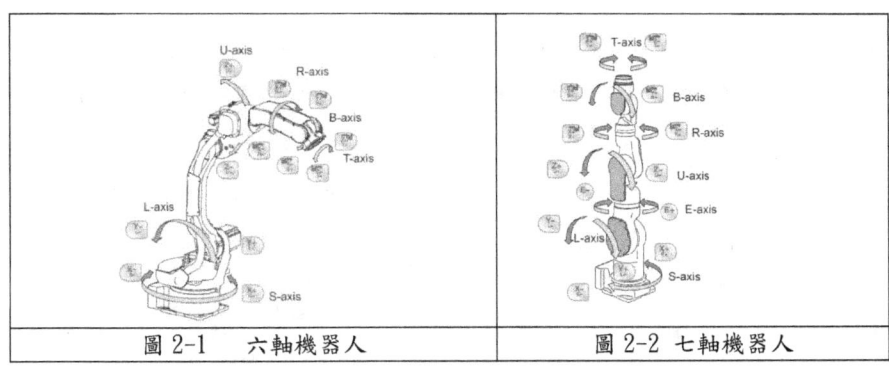

| 圖 2-1　六軸機器人 | 圖 2-2　七軸機器人 |

　　六軸機器人的軸操作鍵與各軸的關係如表 2-1：

表 2-1　六軸機器人的軸操作鍵與各軸的關係

圖片						
名稱	XS 鍵	YL 鍵	ZU 鍵	XR 鍵	YB 鍵	ZT 鍵
控制軸	S	L	U	R	B	T
運動	左右轉	前後移動	上下移動	左右轉	前後擺動	左右轉

二、直角座標

本座標類似 X, Y, Z 座標軸概念，用 XS 鍵、YL 鍵、ZU 鍵控制手臂軸向運動方向（圖 2-3），如表 2-2 所示，這適合操作手臂移動到任何定位點。

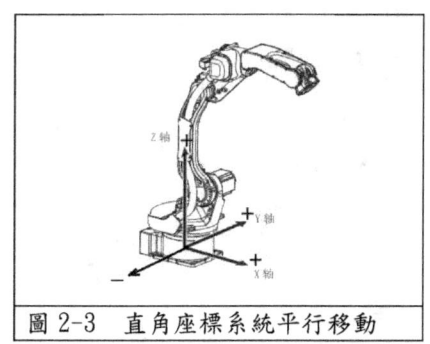

圖 2-3　直角座標系統平行移動

表 2-2　XS 鍵、YL 鍵、ZU 鍵運動方式

圖片			
名稱	XS 鍵	YL 鍵	ZU 鍵
平行軸向	X	Y	Z
運動方式	前後移動	左右移動	上下移動

XR 鍵、YB 鍵及 ZT 鍵可以讓銲槍前端保持在原位，分別繞著 X, Y, Z 座標軸旋轉（圖 2-4）。當銲槍到達定位點後，想要調整其與銲縫的角度，宜用這些鍵來調整（表 2-3）。

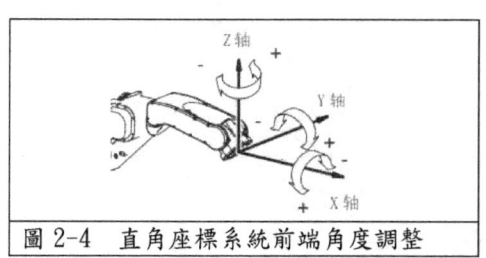

圖 2-4　直角座標系統前端角度調整

表 2-3　XR 鍵、YB 鍵及 ZT 鍵旋轉方式

圖片			
名稱	XR 鍵	YB 鍵	ZT 鍵
控制軸	X	Y	Z
運動	繞 X 軸旋轉	繞 Y 軸旋轉	繞 Z 軸旋轉

貳、手動速度控制介紹

當我們按軸操作鍵移動手臂時，須有不同的速度配合。按手動速度「高」鍵和「低」鍵可提供四種速度，分別是有寸動（INCH）、慢速（SLOW）、中速（MED）和快速（FAST）。速度比是 2：5：7.5：10。

大範圍的移動用快速，中距離移動用中速，接近目標時用慢速，進行微調用寸動。按手動速度「高」鍵和「低」鍵可以切換不同速度。按手動速度「高」鍵時，會依寸動→慢速→中速→快速順序切換。按手動速度「低」鍵時，會依快速→中速→慢速→寸動順序換速。在狀態顯示區的手動速度圖示中，可以知道目前正處於何種速度下。

當感到手動速度「高」鍵不夠快時，在操作軸操作鍵時，可以改按手動速度「高速」鍵，速度遠高於快速。

參、手臂運動控制練習

一開始練習手臂最有趣的地方，是用教導盒去控制手臂移動到不同的地方。這裡便是讓學習者能操作教導盒在空間中移動手臂。在開始操作前，要先將手臂移動範圍內障礙物移開，人也不可進入手臂移動範圍內。

一、座標運動方法初體驗

教導者建立一個新程式，示範完軸座標運動方式，讓學習者自行練習按下軸操作鍵，去體會各按鍵與運動方向關係（圖 2-5）。操作者左手持教導盒（圖 2-6），輕握啟動開關，再用兩手手指去按軸操作鍵（圖 2-7）。

| 圖 2-5　騰空運動手臂 | 圖 2-6　左手持教導盒 | 圖 2-7　兩手按軸操作鍵 |

教導者切換到直角座標，示範完直角座標運動方式，讓學習者自行練習按下軸操作鍵，去體會按鍵與運動方向關係。

學習者切換直角座標和軸座標，綜合兩種座標特性，去控制手臂移動到不同的位置，並自行比較其方便性與差異性。

二、手臂路徑設定與檢查

當我們了解靠座標運動方法後，便要利用手臂去模擬徒手銲接路徑方式。銲接操作結束時，手臂通常會停放在內定的作業原點，整個手臂看起來很方正（圖 2-

8）。將銲接用材料放到工作台上後，我們以參考點出發，開始設定手臂的運動軌跡。

　　一開始不用真正的材料，而是用紙箱或保麗龍代替，因為初學者不熟悉時，容易讓槍頭撞到材料或是工作台，令人緊張。因此用紙箱或保麗龍，可大大減少受創問題。

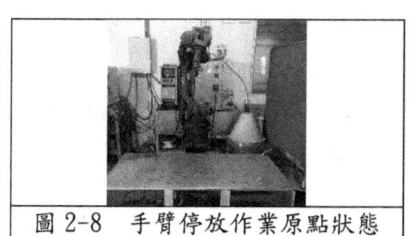

圖 2-8　手臂停放作業原點狀態

1. 直線銲縫路徑設定

　　　　紙箱或保麗龍當作材料，用奇異筆畫一條直線，並標註起點和終點（圖 2-9）。將材料放到工作台上，不可放在工作台正中間位置，避免手臂有時無法移動（圖 2-10）。教導者建立一個新程式，示範操作手臂從參考點開始，設定銲接一個直線銲縫的定位點，最終回到接近參考點的位置，形成整體移動軌跡（圖 2-11）。

圖 2-9　畫一條直線　　圖 2-10　材料放在工作台　　圖 2-11 練習直線銲縫路徑

　　　　移到手臂到同一個定位點，但是手臂上各軸可以呈現不同的姿態，但是如果有一個軸已到旋轉的極限，會使整個手臂無法往某一方向運動。手臂在工作台正中間位置容易發生。

　　　　直線銲縫路徑設定操作方法如表 2-4：

表 2-4　直線銲縫路徑設定操作方法

序號	重點	操作	圖示
1	TEACH 模式	將模式轉鈕轉到 TEACH 模式。 程式內容 J:11 控制群組　　　：R1 0000 NOP 0001 END 一開始的程式內容如右：	

31

2	伺服電源備妥	按啟動電源備妥鍵,「啟動電源備妥」燈會閃爍黃光。	
3	設定第一個定位點	左手輕握啟動開關,「伺服電源備妥」燈會保持亮黃光。主機出現「嗡嗡聲」,表示通電中,手臂可以被移動。	
		輕握啟動開關不放開,利用軸操作鍵移動手臂,在參考點或是移動手臂一段距離。	
		按下「輸入」鍵,資料顯示區中視窗,增加一條程式。	
		0000 NOP. **0001** MOVJ VJ=0.78 ◄─── 新增程式 0002 END	
4	設定第二個定位點	輕握啟動開關不放開,利用軸操作鍵移動手臂接近銲縫左上方。利用手動速度鍵來調整手臂移動速度,宜用快速或中速。	
		按下「輸入」鍵,資料顯示區中視窗,增加一條程式。	
		0000 NOP. 0001 MOVJ VJ=0.78 **0002** MOVJ VJ=0.78 ◄─ 新增 0003 END	
5	設定第三個定位點	用慢速移動手臂到達銲縫左側,銲接開始的地方。愈靠近定位點時,宜用「寸動」。	
		此時不用刻意去調角度,讓銲槍垂直即可。	
		使用雷射手臂到達第三個定位點正上方,很難掌控正確高度,要看 AIO 電腦螢幕,讓畫面看起來很清楚,才是正確高度。	
		確認位置後,按下「輸入」鍵,資料顯示區中視窗,增加一條程式。	
		0000 NOP. 0001 MOVJ VJ=0.78 0002 MOVJ VJ=0.78 **0003** MOVJ VJ=0.78 ◄ 0004 END	
6	設定第四個定位點	用慢速移動手臂移到銲縫右側銲接結束的地方。槍頭前端與銲縫保持一定高度。愈靠近定位點時,宜用「寸動」調整。	
		按下「輸入」鍵,資料顯示區中視窗,增加一條程式。	
		0003 MOVJ VJ=0.78 **0004** MOVJ VJ=0.78 ◄	
7	設定第五個定位點	移動手臂到達銲縫右上方,手臂離開材料的定位點。	
		按下「輸入」鍵,資料顯示區中視窗,增加一條程式。	

		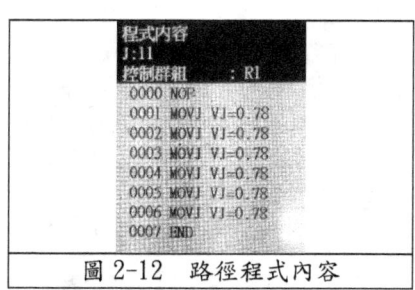 0005 MOVJ VJ=0.78 ← 0006 END		
8	設定第六個定位點	移動手臂到接近參考點位置。 按下「輸入」鍵，資料顯示區中視窗，增加一條程式。 0006 MOVJ VJ=0.78 ← 0007 END		

建立的路徑軌跡程式如圖 2-12：

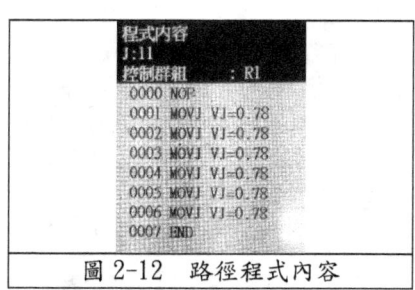

程式內容
J:11
控制群組　　：R1
0000 NOP
0001 MOVJ VJ=0.78
0002 MOVJ VJ=0.78
0003 MOVJ VJ=0.78
0004 MOVJ VJ=0.78
0005 MOVJ VJ=0.78
0006 MOVJ VJ=0.78
0007 END

圖 2-12　路徑程式內容

2. 直線銲縫路徑檢查（check）

直線銲縫路徑設定好以後，希望確認路徑是否正確。可以一步一步確認定位點是否正確，也可以連續確認。

一步一步由前向後，即定位點順序，或程式的順序，確認路徑操作方法如表 2-5：

表 2-5　直線銲縫路徑一步一步檢查操作方法

序號	重點	操作	圖示
1	游標移到第一個定位點	按游標鍵，讓游標移到程式列號 0001，第一個定位點程式上，按游要在最左側位置上。0001 反黑閃爍。 0000 NOP 0001 MOVJ VJ=0.78 0002 MOVJ VJ=0.78	0001
2	變更手動速度	按手動速度鍵，變換到中速。	

3	讓手臂到達第一個定位點	按「前進」鍵,讓手臂到達第一個定位點。此時如果看不到手臂在移動,因為手臂正好在第一個定位點位置上。	
4	讓手臂到達第二個定位點	速度用快速。按「前進」鍵,讓手臂到達第二個定位點。此時手臂移動到接近銲縫左上方位置上。游標停留在 0002 列。	
5	讓手臂到達第三個定位點	速度用中速。按「前進」鍵,讓手臂到達第三個定位點。此時手臂移動到接近銲縫左側,銲接開始的地方。游標停留在 0003 列。	
6	讓手臂到達第四個定位點	速度用慢速。按「前進」鍵,讓手臂到達第四個定位點。此時手臂移動到接近銲縫右側,銲接結束的地方。游標停留在 0004 列。	
7	讓手臂到達第五個定位點	速度用中速。按「前進」鍵,讓手臂到達第五個定位點。移動手臂到達銲縫右上方,手臂離開材料(含夾治具)的定位點。游標停留在 0005 列。	
8	讓手臂到達第六個定位點	速度用快速。按「前進」鍵,讓手臂到達第六個定位點。移動手臂到達按近參考點位置。游標停留在 0006 列。	

　　由前向後連續確認路徑,手臂會連續到各定位點,依照定位點順序,或程式的順序,檢查操作方法如表 2-6:

表 2-6　直線銲縫路徑連續檢查操作方法

序號	重點	操作	圖示
1	游標移到第一個定位點	按游標鍵,讓游標移到第一個定位點,程式列號 0001,最左側位置上。0001 反黑。 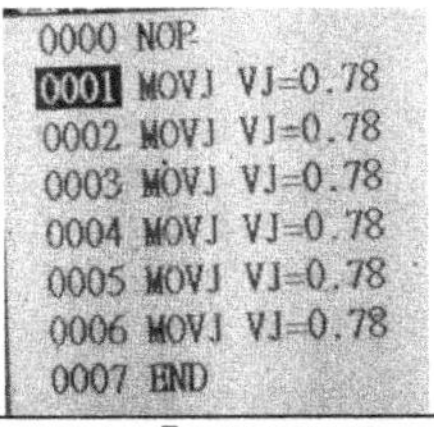 0000 NOP **0001** MOVJ VJ=0.78 0002 MOVJ VJ=0.78 0003 MOVJ VJ=0.78 0004 MOVJ VJ=0.78 0005 MOVJ VJ=0.78 0006 MOVJ VJ=0.78 0007 END	
2	連續到	同時按下「互鎖」鍵和「測試運轉」鍵。手臂會開始	

	各定位點	到達各定位點，游標停止在最後一列程式。這就是一個循環的概念。 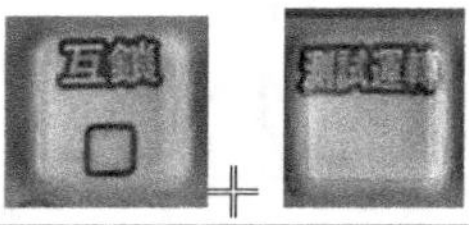	

　　　　一步一步由後向前確認路徑，手臂會連續反向到各定位點，依照定位點相反順序，或程式的相反順序，操作方法如表 2-7：

表 2-7　直線銲縫路徑一步一步由後向前檢查操作方法

序號	重點	操作	圖示
1	游標移到第一個定位點	按游標鍵，讓游標移到最後第一個定位點，程式列號 0006，最左側位置上。0006 反黑。  0006 MOVJ VJ=0.78 ← 0007 END	
2	讓手臂移到最後一個定位點	按「前進」鍵，讓手臂到最後一個定位點。此時或許看不到手臂在移動，因為手臂正好在最後一個定位點位置上。	
3	移到第五個定位點	按「後退」鍵，讓手臂到第五個定位點。游標停留在 0005 列。	
4	由後向前確認路徑	每按一次「後退」鍵，讓手臂便反向軌跡路徑的各定位點。	

　　　　同時按「互鎖」鍵+「測試運轉」鍵，無法做由後向前連續確認路徑。

3. 圓弧銲縫路徑設定

　　　　紙箱或保麗龍當作材料，用奇異筆畫一個圓，圓周上做 12 等分，標註①到⑫，並標註起銲點(圖 2-13)。將材料放到工作台上(圖 2-14)，不可放在工作台正中間位置，避免手臂無法移動。教導者建立一個新程式，示範操作手臂從參考點開始，設定銲接一個圓弧銲縫的定位點，最終回到接近參考點位置，形成整體移動軌跡。

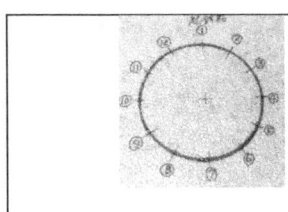	
圖 2-13　畫一個圓，做 12 等分	圖 2-14　材料放在工作台

圓弧銲縫路徑設定操作方法如表 2-8：

表 2-8　圓弧銲縫路徑設定操作方法

序號	重點	操作	圖示
1	TEACH 模式	將模式轉鈕轉到 TEACH 模式。 一開始程式內容如下，游標停在編號 0000 列上： 程式內容 J:CYCLE 控制群組　　　：R1 0000 NOP 0001 END	
2	伺服電源備妥	按啟動電源備妥鍵，「伺服電源備妥」燈會閃爍黃光。	
3	設定第一個定位點	左手輕握啟動開關，「伺服電源備妥」燈會保持黃光。主機出現「嗡嗡聲」，表示通電中，手臂可以被操作。	
		按下「輸入」鍵，資料顯示區中視窗，增加一條程式。 0000 NOP 0001 MOVJ VJ=0.78　◀── 新增程式 0002 END	。
4	設定第二個定位點	輕握啟動開關不放開，利用軸操作鍵移動手臂接近銲縫起銲點①。利用手動速度鍵來調整手臂移動速度。	
		按下「輸入」鍵，資料顯示區中視窗，增加一條程式。 控制群組　　　：R1 0000 NOP 0001 MOVJ VJ=0.78 0002 MOVJ VJ=0.78　◀── 新增 0003 END	
5	設定第三個定位點	移動手臂到達銲縫起銲點正上方，銲接開始的地方。愈靠近定位點①時，宜用「寸動」。	
		此時不用刻意去調角度，讓銲槍垂直即可。	

		若是使用雷射手臂，則要看 AIO 電腦螢幕，讓畫面看起來很清楚。	
		按下「輸入」鍵，資料顯示區中視窗，增加一條程式。 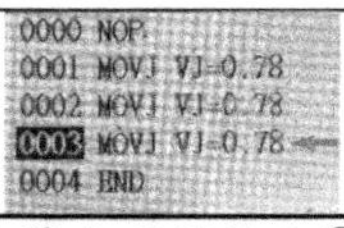	
		0000 NOP 0001 MOVJ VJ=0.78 0002 MOVJ VJ=0.78 0003 MOVJ VJ=0.78 0004 END	
6	設定第四個到①定位點	依順時鐘移動手臂移到銲縫上②→③→⋯⋯，再回到①定位點，銲接開始與結束相同地方。槍頭前端與銲縫保持一定高度。愈靠近定位點時，宜用「寸動」調整。	
		按下「輸入」鍵，資料顯示區中視窗，增加各定位點的程式。	
7	設定離開定位點	移動手臂到達銲縫定位點①上方，手臂離開材料的定位點。	
		按下「輸入」鍵，資料顯示區中視窗，增加一條程式。	
8	設定遠離工件定位點	移動手臂到達接近作業原點位置。	
		按下「輸入」鍵，資料顯示區中視窗，增加一條程式。 移動游標，可以看到所有程式內容。 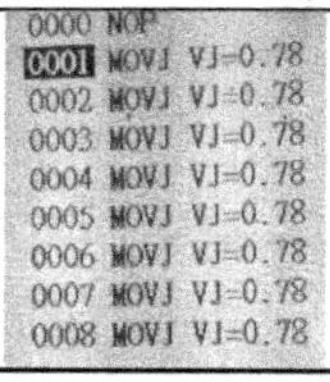 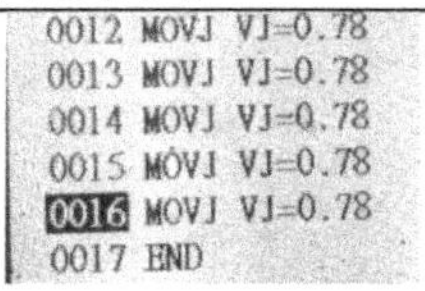 0000 NOP 0001 MOVJ VJ=0.78 0002 MOVJ VJ=0.78 0003 MOVJ VJ=0.78 0004 MOVJ VJ=0.78 0005 MOVJ VJ=0.78 0006 MOVJ VJ=0.78 0007 MOVJ VJ=0.78 0008 MOVJ VJ=0.78　0012 MOVJ VJ=0.78 0013 MOVJ VJ=0.78 0014 MOVJ VJ=0.78 0015 MOVJ VJ=0.78 0016 MOVJ VJ=0.78 0017 END	

　　兩手同時按不同軸的軸操作鍵，手臂會依合力方向前進。游標必須在最左側，才能將新增定位點登錄到程式中。

4. 圓弧銲縫路徑檢查
　　　　一步一步由前向後確認路徑檢查操作方法如表 2-9：

表 2-9 圓弧銲縫路徑檢查操作方法

序號	重點	操作	圖示
1	游標移到第一個定位點	按游標鍵，讓游標移到第一個定位點，程式列號 0001，最左側位置上。0001 反黑。	

2	變更手動速度	按手動速度鍵，變換到中速或快速。	
3	讓手臂到達第一個定位點	按「前進」鍵，讓手臂到達第一個定位點。此時或許看不到手臂在移動，因為手臂正好在第一個定位點位置上。	
4	讓手臂到達第二個定位點	按「前進」鍵，讓手臂到達第二個定位點。此時手臂移動到接近銲縫起點上方位置上。游標停留在 0002 列。	
5	讓手臂到達第三個定位點	按「前進」鍵，讓手臂到達第三個定位點。此時手臂移動到接近銲縫第①定位點正上方，銲接開始的地方。游標停留在 0003 列。	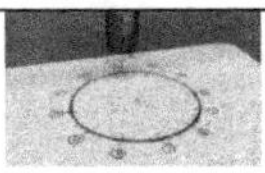
6	讓手臂到達後序定位點	每按一「前進」鍵，手臂依序移動到後序定位點：②→③→④→⑤→⑥→⑦→⑧→⑨→⑩→⑪→⑫→①→離開銲縫→接近參考點位置。此時手臂移動到接近銲縫第①定位點正上方，銲接開始的地方。	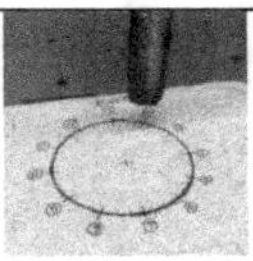

由前向後連續確認路徑如同表所示，同時按下「互鎖」鍵和「測試運轉」鍵，去執行連續動作。一旦開始移動，中途放開「互鎖」鍵，連續動作會持續進行。但是「測試運轉」鍵一放開，手臂馬上停止。中途停止後，再次同時按下「互鎖」鍵和「測試運轉」鍵，就能從中途停止處繼續連續動作。

5. 手臂直接到某定位點

有時候需要手臂直接到某定位點，做確認定位點，或是變更該定位點的位置。操作方法如表 2-10：

表 2-10　手臂直接到某定位點操作方法

序號	重點	操作	圖示
1	游標移到第三個定位點	按游標鍵，讓游標移到第某定位點，程式列號 0013，最左側位置上。0013 反黑。 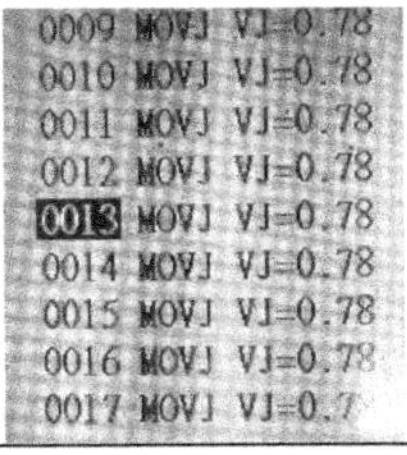 0009 MOVJ VJ=0.78 0010 MOVJ VJ=0.78 0011 MOVJ VJ=0.78 0012 MOVJ VJ=0.78 0013 MOVJ VJ=0.78 0014 MOVJ VJ=0.78 0015 MOVJ VJ=0.78 0016 MOVJ VJ=0.78 0017 MOVJ VJ=0.7	

2	讓手臂到達第三個定位點	輕握啟動開關不放開。按「前進」鍵,讓手臂到達該定位點。游標停留在 0013 列。	

肆、實際銲接操作

　　學習者一定很希望能實際執行機器人銲接工作。但是現階段功力還不足,就請教導者將夾治具架設好,示範如何將材料就定位,用夾治具固定好。請所有人不要站在手臂運動範圍內,以避免被撞擊。示範按下「START」鈕(圖 2-15),開始執行銲接。操作過程中,手指輕放啟動器上 HOLD 鈕(圖 2-16)上,如果有突發狀況,馬下按下 HOLD 鈕。銲接中要注意穿戴護具,雷射銲接要用雷射專用護目鏡。銲接完,示範放鬆夾治具,再取下工件歸定位。說明銲道好壞的判斷方法。

　　實際執行機器人銲接時,手臂的速度遠大手動速度,學習者會嚇一掉。

　　熟悉完實際操作後,可以在實際銲接操作到中途時,按下 HOLD 鈕,讓手臂暫時停止。再按下 START 鈕,讓手臂由暫時停止處,繼續後續操作。熟悉 HOLD 鈕和 START 鈕的應用。

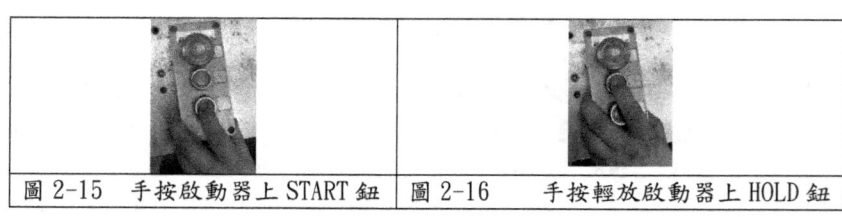

圖 2-15　手按啟動器上 START 鈕	圖 2-16　手按輕放啟動器上 HOLD 鈕

第三章　銲接機器人操作進階

　　適合手臂初級技術員閱讀，會架設夾治具，調整程式內的定位點。能寫基本銲接程式。

　　不同銲接手臂教導盒按鍵的功能大致相同，但是銲接功能設定用的按鍵就有不同，本章先介紹 CO_2 和氬銲手臂，雷射手臂留到第四章介紹。

壹、CO_2 教導盒專用性按鍵

　　一、起弧鍵

在銲縫銲接起點定位點程式列前，按起弧鍵（在數字鍵 8 位置），可以登錄起弧指令 ARCON。

　　二、收弧鍵

在銲縫結束點定位點程式列後，按收弧鍵（在數字鍵 5 位置），可以登錄銲接中止指令 ARCOF。

　　三、送線鍵

在 TEACH 模式下，按送線鍵（在數字鍵 9 位置），可將銲線自銲嘴送出一段長度。

　　四、收線鍵

在 TEACH 模式下，按收線鍵（在數字鍵 6 位置），可將銲線自銲嘴收回線捲中。

　　　　送線鍵和收線鍵是在調整銲線伸出長度之用，無法寫入程式中。

貳、氬銲教導盒專用性按鍵

　　一、起弧鍵

在銲縫銲接起點定位點程式列前，按起弧鍵（在數字鍵 8 位置），可以登錄起弧指令 ARCON。

　　二、收弧鍵

在銲縫結束點定位點程式列後，按收弧鍵（在數字鍵 5 位置），可以登錄銲接中止指令 ARCOF。

三、送線鍵

在 TEACH 模式下，按送線鍵（在數字鍵 9 位置），可將銲線自銲嘴送出一段長度。無法寫入程式中。	

四、收線鍵

在 TEACH 模式下，按收線鍵（在數字鍵 6 位置），可將銲線自銲嘴收回線捲中。無法寫入程式中。	

　　　　送線鍵和收線鍵是銲機有送線功能，調整銲線伸出長度之用，無法寫入程式中。

參、運動模式介紹

　　　　從定位點到下一個定位點，走的軌跡屬何種形式，是直線、圓弧或曲線。補間的意義是指定位點間軌跡的形式。共有四種補間種類（Interpolation），分別是點（Joint）、線（Linear）、圓弧（Circular）和曲線（Spline）補間。

一、點補間

　　　　指銲縫以外的定位點間的運動。手臂執行銲接時，接近直線的運動，速度最高 100%，指令是 MOVJ。內定運動模式用此模式。

二、線補間

　　　　指直線銲縫的運動。直線銲縫頭尾兩端間的運動採此模式。手臂執行銲接時，是直線的運動，速度最高 9000cm/min，　指令是 MOVL。

三、圓弧補間

　　　　指圓弧銲縫的運動。圓弧銲縫如半圓或全圓，圓周上每三點可以決定一個固定半徑的圓軌跡。在圓弧上各定位點之間都用圓弧補間模式。手臂執行銲接時，是固定半徑圓弧的運動。速度最高 9000cm/min，指令 MOVC。

四、曲線補間

　　　　指不規則曲線銲間的運動。每三點可以決定一個弧，不規則曲線上各定位點之間都用此模式。手臂執行銲接時，是不規則曲線運動。速度最高 9000cm/min，指令 MOVS。

　　　　運動模式的切換方式是按「運動模式」鍵，會依 MOVJ→MOVL→MOVC→MOVS 輪換。我們在寫程式時，先要決定定位點的位置，接著就要決定定位點之間的補間方式。在板金工件上最常見的銲縫是直線和圓弧。

肆、基本程式介紹

當我們新建立一個程式，其內容就是最基本內容(圖 3-1)，隨著陸續增加指令登錄到程式畫面中，我們就可以看到龐大程式內容(圖 3-2)。

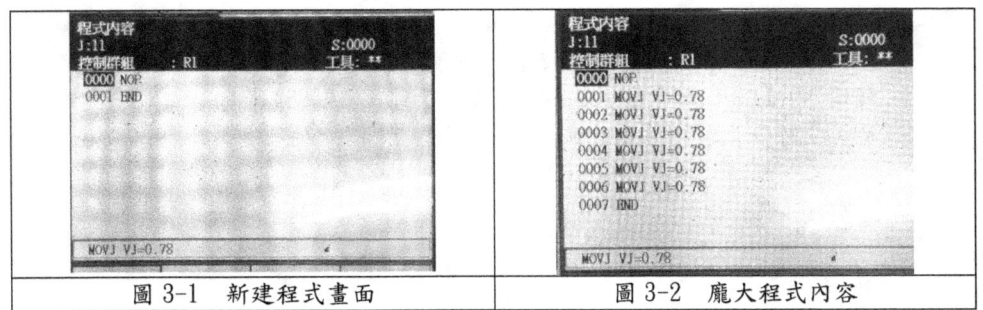

| 圖 3-1　新建程式畫面 | 圖 3-2　龐大程式內容 |

一、建立新程式後的畫面

上視窗(圖 3-3)左上角出現「程式內容」，是在 TEACH 模式下出現的字樣。第二列是檔案名稱。控制群組：R1，代表只有一支手臂。

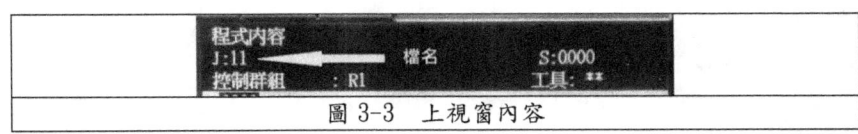

圖 3-3　上視窗內容

中視窗(圖 3-4)為程式內容，依序是列數編號（Line number, 行號）、指令（Instrucion）、標號（Label）、數值、附項等。

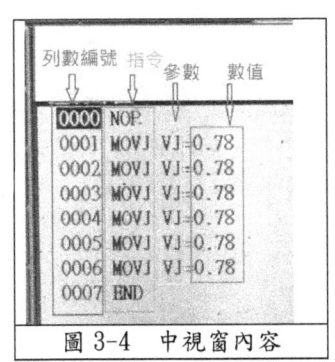

圖 3-4　中視窗內容

下視窗(圖 3-5)為輸入緩衝列（Buffer），顯示游標所在列程式，其指令（Instruction）、標號（Tag）、數值內容。目前顯示內定點補間運動模式，移動速度為 0.78%。輸入緩衝列下面有四個選項，目前沒有顯示選項名稱（如執行）。

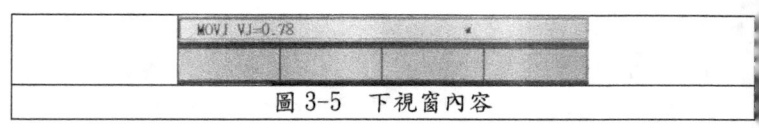

MOV J VJ=0.78			◄	

圖 3-5 下視窗內容

二、手臂移動速度介紹

　　手臂移動速度有兩種表達方式，cm/mim 或百分比，但是在程式中看不到單位。點補間(MOVJ)單位只用百分比，其餘(MOVL→MOVC→MOVS)單位用 cm/mim。cm/mim 與百分比換算公式是 9000cm/mim=100%。0.78%=70.2 cm/mim。

伍、指令種類

一、11 種指令

　　指令決定手臂動作的方式，共有輸出入（I/O）、控制（Contro 1）、作業（Operating）、運動（Move）、位移（Shift）、先決條件（Instruction Which Adheres to an Instruction）、電弧銲接（Arc Welding）、夾持（Handing）、電阻點銲（Spot welding）、一般目的（General-purpose）、塗裝（Painting）等 11 種。

　　依據手臂的專一功能，不是所有指令都能輸入。例如銲接手臂就無塗裝類指令。

二、常用指令

　　多數的板金銲接比較單純，常用指令是運動類、電弧銲接類等指令。MOVJ、MOVL、MOVC、MOVS 都屬於運動（類）指令。而以後看到的 ARCON、ARCOF、ARCSET、WVON、WVOF 都屬於電弧銲接（類）指令

陸、手臂路徑運動模式設定

　　第二章編寫的手臂路徑程式，我們只注意定位點。沒有刻意去注意運動模式，但是在此，則要考慮運動模式。在銲縫以外的空間中及銲縫終點，最好用 MOVJ。在銲縫的銲接起點，則用 MOVL、MOVC 或 MOVS。直線銲縫用 MOVL(圖 3-6)、圓弧銲縫用 MOVC(圖 3-7)，不規則曲線銲縫用 MOVS。

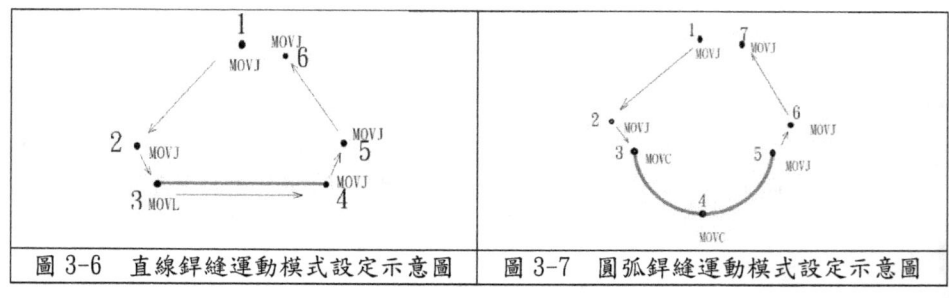

圖 3-6　直線銲縫運動模式設定示意圖	圖 3-7　圓弧銲縫運動模式設定示意圖

一、直線銲縫銲接程式運動模式編寫

在定位點 1、2、4、5 和 6，要按輸入鍵前，要按運動模式鍵，出現 MOVJ，才能進行登錄作業(圖 3-8)。在定位點 3，要按輸入鍵前，要按運動模式鍵，出現 MOVL，才能進行登錄作業(圖 3-9)。程式中只有行號 0003 的後面是 MOVL，其餘是 MOVJ(圖 3-10)。

MOVJ VJ=0.78	MOVL V=66
圖 3-8　下視窗出現 MOVJ	圖 3-9　下視窗出現 MOVL

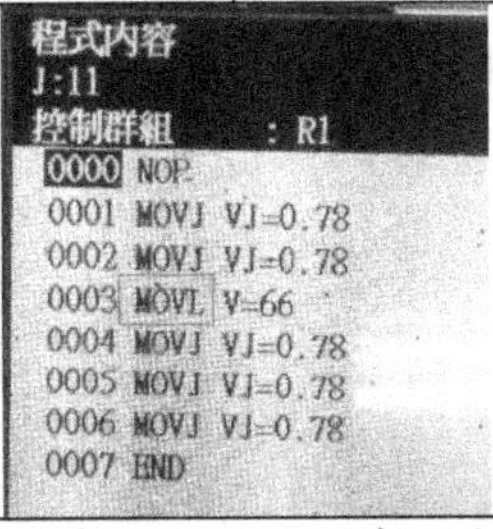

程式內容
J:11
控制群組　　　: R1
```
0000 NOP
0001 MOVJ VJ=0.78
0002 MOVJ VJ=0.78
0003 MOVL V=66
0004 MOVJ VJ=0.78
0005 MOVJ VJ=0.78
0006 MOVJ VJ=0.78
0007 END
```

圖 3-10　直線銲縫銲接程式運動模式內容

二、圓弧銲縫銲接程式運動模式編寫

在定位點 1、2、5、6 和 7，要按輸入鍵前，要按運動模式鍵，出現 MOVJ，才能進行登錄作業。在定位點 3 和 4，要按輸入鍵前，要按運動模式鍵，出現 MOVC，才能進行登錄作業(圖 3-11)。程式中只有行號 0003、0004 的後面是 MOVC，其餘是 MOVJ(圖 3-12)。

MOVC V=66	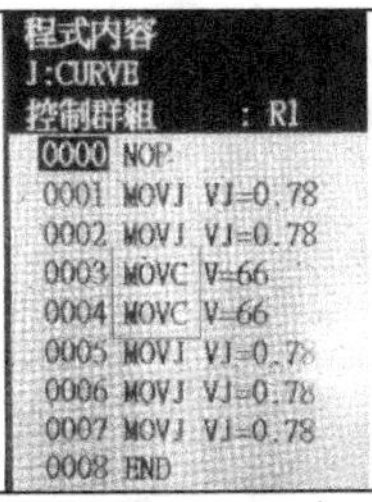 程式內容 J:CURVE 控制群組　　: R1 0000 NOP 0001 MOVJ VJ=0.78 0002 MOVJ VJ=0.78 0003 MOVC V=66 0004 MOVC V=66 0005 MOVJ VJ=0.78 0006 MOVJ VJ=0.78 0007 MOVJ VJ=0.78 0008 END
圖 3-11　下視窗出現 MOVC	圖 3-12　圓弧銲縫銲接程式運動模式內容

柒、手臂路徑移動速度設定

當我們在第二章對手臂路徑做檢查時，發現移動速度很慢，因為當移動速度只有 0.78%。一定想加快速度，如果加快到 30%，如何做呢？

單一程式變更移動速度，操作方法如下表 3-1：

表 3-1 單一程式變更移動速度操作方法

步驟	做法	圖示
1	移動游標到要修改的指令列，如 0001。	0001 MOVJ VJ=0.78 0002 MOVJ VJ=0.78
2	游標向右移動到運動指令上	0001 MOVJ VJ=0.78
3	按下選擇鍵	
4	另一個游標停在下視窗的輸入緩衝列最左側	MOVJ VJ=0.78
5	下視窗游標右移到 VJ 右側數值上	MOVJ VJ=0.78
6	按選擇鍵，下視窗出現「關節速度=」	關節速度= MOVJ VJ 0.78
7	用數字鍵輸入 30，下視窗出現 30。	關節速度= MOVJ VJ 30
8	按輸入鍵，下視窗 30 反黑	MOVJ VJ=30.00
9	按輸入鍵，指令列 0001 及下視窗的速度都改成 30(%)。	0000 NOP 0001 MOVJ VJ=30.00 0002 MOVJ VJ=0.78 0003 MOVC V=66 0004 MOVC V=66 0005 MOVJ VJ=0.78 0006 MOVJ VJ=0.78 0007 MOVJ VJ=0.78 0008 END MOVJ VJ=30.00

　　當我們在設定定位點時，同時做了運動模式與移動速度的設定，後序的定位點在設定時，會延用我們運動模式與移動速度的設定。

　　如果按鍵時有任何錯誤，訊息顯示區會出現錯誤原因。此時我們無法做任何操作，只有先按「清除」鍵(圖 3-13)，將訊息顯示區會出現錯誤原因消除後，修正錯誤原因，才能做後序操作。

圖 3-13　清除鍵

捌、手臂路徑檢查

　　重新練習直線與圓弧銲縫路徑設定，此時同步設定運動模式與移動速度。在 TEACH 模式下，一步接一步（利用前進鍵或後退鍵）或連續（互鎖鍵＋測驗運轉鍵）檢查直線和圓弧銲接路徑。

玖、程式修正

　　當我們檢查路徑時，可能會發現少了一個定位點、定位點位置錯誤、運動模式錯誤、速度要再變更等需求。有時是單一，有時是多條程式一起修正。

一、單一程式列修正

1. 新增單一程式列

　　如果漏掉一個定位點，必須新增時，如圖 3-14。

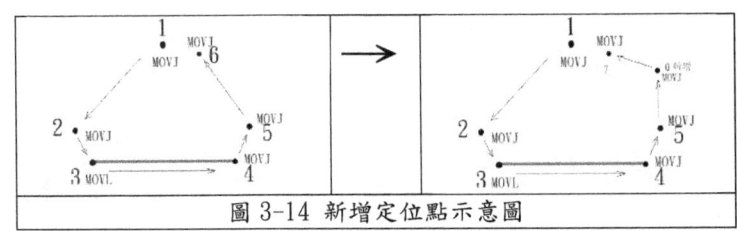

圖 3-14 新增定位點示意圖

　　新增一個定位點，操作方法如表 3-2：

表 3-2 新增單一程式列操作方法

步驟	操作	圖示
1	移游標到第五個定位點所在程式列上最左側，編號 0005。 程式內容 J:11 控制群組　　：R1 0001 MOVJ VJ=0.78 0002 MOVJ VJ=0.78 0003 MOVL V=66 0004 MOVJ VJ=0.78 **0005** MOVJ VJ=0.78 0006 MOVJ VJ=0.78 0007 END	
2	按「前進」鍵，讓手臂移到第五定位點。	
3	操作軸操作鍵，移動手臂到想新增的位置。	
4	按插入鍵，該鍵左上角亮黃燈。	插入
5	按輸入鍵，程式新增一條編號 0006。原本編號 0006 會增加為 0007。	

| | | 程式內容
J:11
控制群組　　：R1
0000 **NOP**
0001 MOVJ VJ=0.78
0002 MOVJ VJ=0.78
0003 MOVL V=66
0004 MOVJ VJ=0.78
0005 MOVJ VJ=0.78
0006 MOVJ VJ=30.00
0007 MOVJ VJ=0.78
0008 END | |

手臂位置不先到達第五定位點位置或游標不在最左側，程式無法做新增。

2. 刪除單一程式列

　　　如果要刪除一個定位點，示意圖如圖 3-15，將第 7 個定位點刪除。

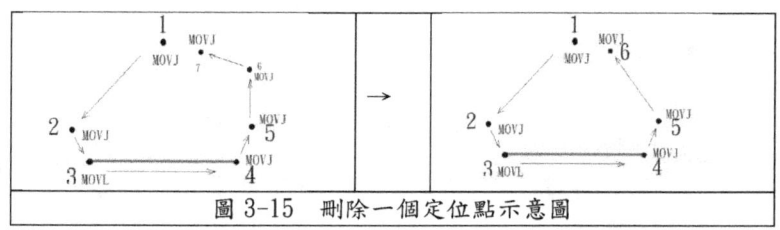

圖 3-15　刪除一個定位點示意圖

刪除一個定位點，操作方法如表 3-3：

表 3-3　刪除單一程式列操作方法

步驟	操作	圖示
1	移游標到第六個定位點所在程式列上最左側，編號 0006。	
2	按「前進」鍵，讓手臂移到第六定位點。	
3	按刪除鍵，該鍵左上角亮黃燈。	刪除
4	按輸入鍵，程式編號 0006 被刪除。原本編號 0007 會改為為 0006。	

　　　手臂位置未先到達第六定位點位置，程式無法刪除。必須先讓手臂位置到達定位點，按下「刪除」鍵，再按下「輸入」鍵。

3. 變更定位點位置
　　　如果想將將第 2 個定位點的位置改到新的位置，示意圖如圖 3-16：

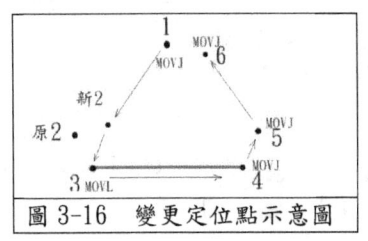

圖 3-16　變更定位點示意圖

變更定位點位置，操作方法如表 3-4：

表 3-4 變更定位點位置操作方法

步驟	操作	圖示
1	移游標到第二個定位點所在程式列上最左側，編號 0002。	
2	按「前進」鍵，讓手臂移到第二定位點位置。	
3	操作軸操作鍵，移動手臂到新的位置。	
4	按變更鍵，該鍵左上角亮黃燈。	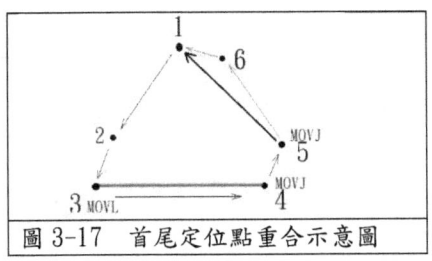
5	按輸入鍵。程式沒有變更，但是第二定位點位置已修正。	

二、首尾定位點重合

重覆的執行相同程式，手臂重覆的從最後定位點移動到第一個定位點。如果首尾定位點是同一點(標號1)，則手臂只要從第五個定位點直接到第一個定位點，少走一點路，能提高工作效率(圖 3-17)。

圖 3-17　首尾定位點重合示意圖

首尾定位點重合操作方法如表 3-5：

表 3-5 首尾定位點重合操作方法

步驟	操作	圖示
1	移游標到第一個定位點所在程式列上最左側，編號 0001。	

2	按「前進」鍵，讓手臂移到第一定位點位置。	
3	移動游標到第六定位點程式列，游標會閃爍。因為手臂和定位點位置不同時，游標會閃爍，提醒注意。	
4	按變更鍵，該鍵左上角亮黃燈。	變更鍵亮黃燈
5	按輸入鍵。程式沒有變更，但是第六定位點位置已修正，與第一定位點位置相同。而第六定位點程式的運動模式和速度沒有改變。	

三、多列程式速度同時修改

　　前面有提過修改單一程式移動速度的方法。但是如果同類的運動程式想統一修改，不想逐一修改時，可以在 TEACH 模式下，使用「編輯」選項下主功能表區的「速度變更」選項來完成。操作方法如表 3-6：

表 3-6 多列程式速度同時修改操作方法

步驟	操作	圖示
1	移游標到第一個定位點所在程式列上最右側。	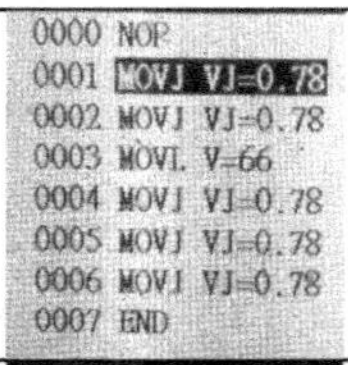 0000 NOP 0001 MOVJ VJ=0.78 0002 MOVJ VJ=0.78 0003 MOVL V=66 0004 MOVJ VJ=0.78 0005 MOVJ VJ=0.78 0006 MOVJ VJ=0.78 0007 END
2	按「編輯」選項，出現下拉功能表	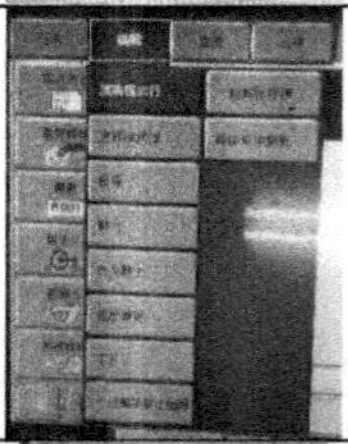
3	選「速度變更」選項，出現速度變更視窗	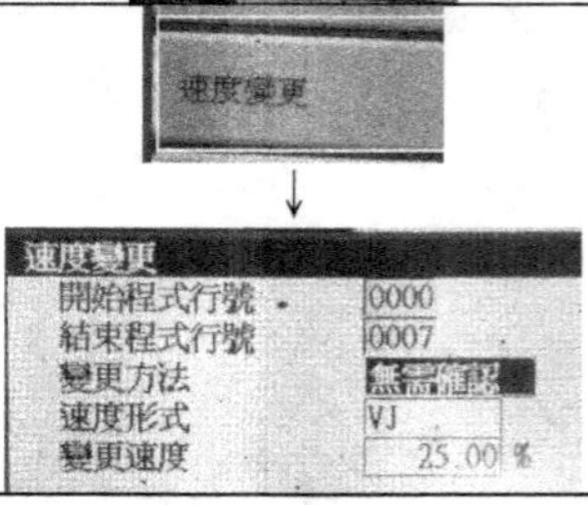 速度變更 速度變更 開始程式行號 0000 結束程式行號 0007 變更方法 無需詢問 速度形式 VJ 變更速度 25.00 %
4	移動游標到「變更速度」上	
5	按選擇鍵，出現「關節速度＝」	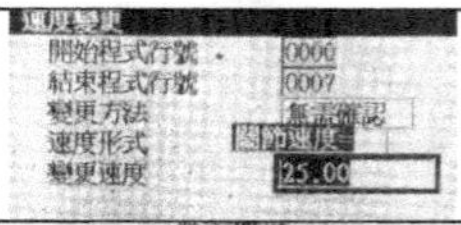 速度變更 開始程式行號 0000 結束程式行號 0007 變更方法 無需詢問 速度形式 關節速度 變更速度 25.00
6	用數字鍵輸入 30	 關節速度＝ 30

49

7	按輸入鍵，30 反黑	 速度形式 VJ 變更速度 30.00 %
8	按輸入鍵，按左下角「執行」	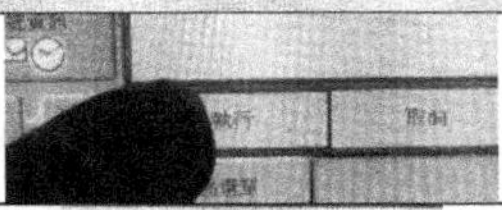
9	程式中所有 MOVJ 的速度改為 30	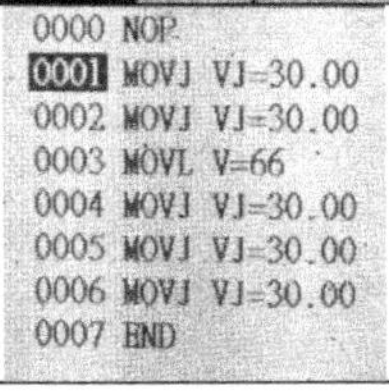 0000 NOP. **0001** MOVJ VJ=30.00 0002 MOVJ VJ=30.00 0003 MOVL V=66 0004 MOVJ VJ=30.00 0005 MOVJ VJ=30.00 0006 MOVJ VJ=30.00 0007 END

四、多列程式編輯

當需要同時將多列程式做選取，然後做複製、剪切、貼上時，做法如下。

1. 多列程式選取方法

多列程式在選取之後(表 3-7)，就能執行複製和刪除。

表 3-7 多列程式選取操作方法

步驟	操作	圖示
1	移動游標到開始被選的程式列右側指令區域	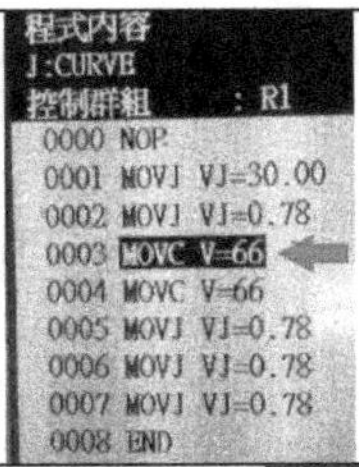 程式內容 J:CURVE 控制群組 : R1 0000 NOP. 0001 MOVJ VJ=30.00 0002 MOVJ VJ=0.78 0003 MOVC V=66 ← 0004 MOVC V=66 0005 MOVJ VJ=0.78 0006 MOVJ VJ=0.78 0007 MOVJ VJ=0.78 0008 END
2	同時按移位鍵和選擇鍵，	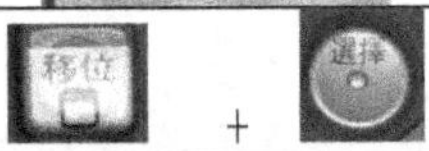 移位 + 選擇
3	起始列程式的編號反黑，移動指令閃爍。	 **0003** MOVC V=66 0004 MOVC V=66
4	向下移動游標到被選程式列的結束位置。被選取的編號全部反黑，游標閃爍。	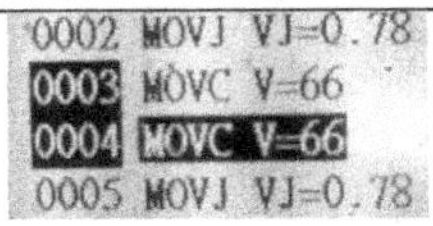 0002 MOVJ VJ=0.78 **0003** MOVC V=66 **0004** MOVC V=66 0005 MOVJ VJ=0.78

2. 多列程式複製（copy）方法

將被選取的程式放到緩衝區，操作方法如表 3-8。

表 3-8 多列程式複製操作方法

步驟	操作	圖示
1	在複製之前,要複製的程式已被選取。	
2	按「編輯」選項,出現下拉功能表	
3	選「複製」選項。	
4	游標回到 0003 列的右側,複製的程式被放入電腦緩衝區(buffer)。	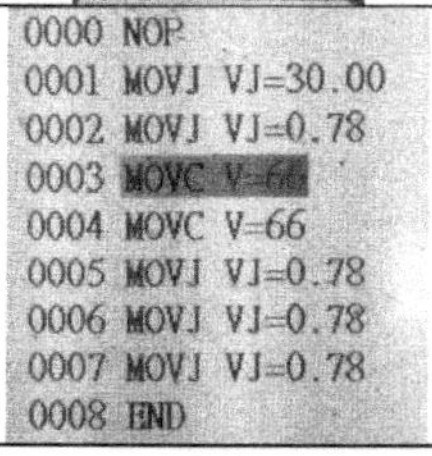 0000 NOP 0001 MOVJ VJ=30.00 0002 MOVJ VJ=0.78 0003 MOVC V=66 0004 MOVC V=66 0005 MOVJ VJ=0.78 0006 MOVJ VJ=0.78 0007 MOVJ VJ=0.78 0008 END

3. 多列程式剪切(cut)方法

多列程式被刪除,操作方法如表 3-9:

表 3-9 多列程式剪切操作方法

步驟	操作	圖示
1	在刪除之前,要剪切的程式已被選取。	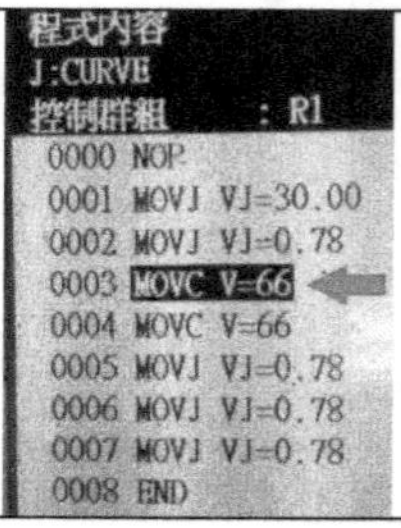 程式內容 J:CURVE 控制群組 : R1 0000 NOP 0001 MOVJ VJ=30.00 0002 MOVJ VJ=0.78 0003 MOVC V=66 ← 0004 MOVC V=66 0005 MOVJ VJ=0.78 0006 MOVJ VJ=0.78 0007 MOVJ VJ=0.78 0008 END

2	按「編輯」選項，出現下拉功能表	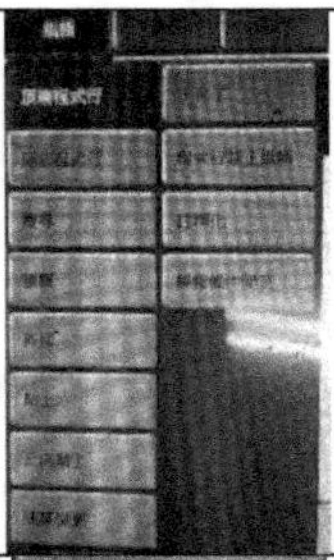
3	選「剪切」選項，出現刪除交談盒。	
4	按「是」。	
5	被選取程式被刪除。被刪除內容會放在電腦緩衝區。	0000 NOP 0001 MOVJ VJ=30.00 0002 MOVJ VJ=0.78 0003 MOVJ VJ=0.78 0004 MOVJ VJ=0.78 0005 MOVJ VJ=0.78 0006 END

4. 多列程式貼上方法

貼上多列程式，操作方法如表 3-10：

表 3-10 多列程式貼上操作方法

步驟	操作	圖示
1	在貼上之前，要貼上的程式已被放入緩衝區，也就做完選取與複製。	
2	將游標移動到要貼上位置之前一列的程式上。	0000 NOP 0001 MOVJ VJ=30.00 0002 MOVJ VJ=0.78 0003 MOVJ VJ=0.78 0004 MOVJ VJ=0.78 0005 MOVJ VJ=0.78 0006 END
3	按「編輯」選項，出現下拉功能表	
4	選「貼上」選項，出現貼上交談盒。	
5	按「是」	

6	緩衝區的程式被插入程式之中，新增兩列程式	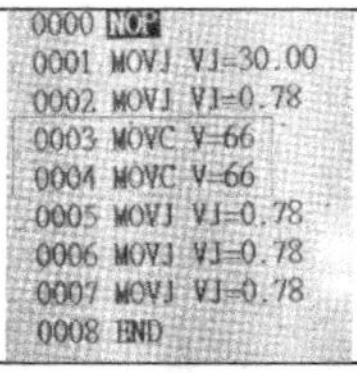0000 NOP 0001 MOVJ VJ=30.00 0002 MOVJ VJ=0.78 0003 MOVC V=66 0004 MOVC V=66 0005 MOVJ VJ=0.78 0006 MOVJ VJ=0.78 0007 MOVJ VJ=0.78 0008 END

壹拾、 叫出舊程式

有些銲接工作是以前做過的，只要叫出當時的程式就能使用。因此要知道如何叫程式。目前螢幕中檔名是 11，想要叫出 curve 檔，做法如表 3-11。

表 3-11 叫出舊程式操作方法

步驟	操作	圖示
1	點選主功能表區的「程式」選項	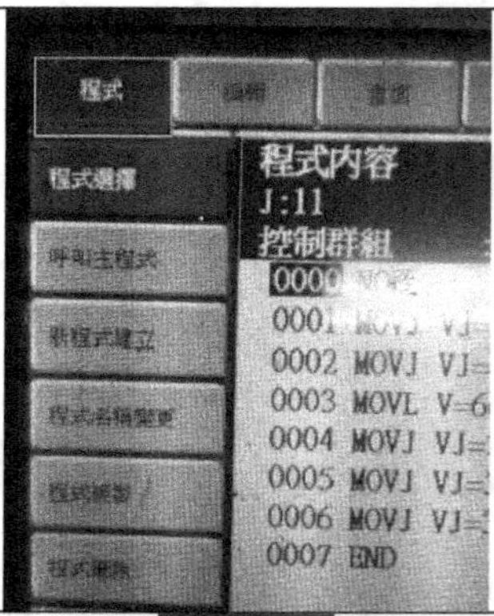程式 程式選擇 程式內容 J:11 控制群組 0000 0001 0002 MOVJ VJ= 0003 MOVL V=6 0004 MOVJ VJ= 0005 MOVJ VJ= 0006 MOVJ VJ= 0007 END
2	在下拉功能表中，選取「程式選擇」項目	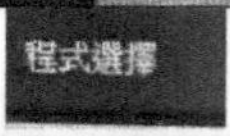程式選擇
3	出現「程式一覽表」視窗	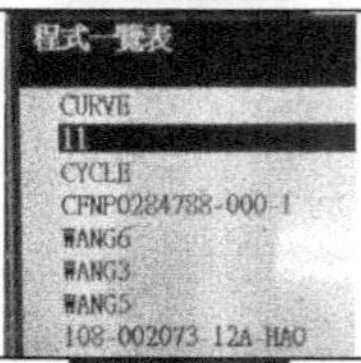程式一覽表 CURVE 11 CYCLE WANG6 WANG3 WANG5
4	將游標移到所要挑選的檔名 CURVE 上	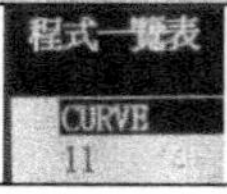程式一覽表 CURVE 11
5	按「選擇」鍵	
6	完整程式出現在螢幕中	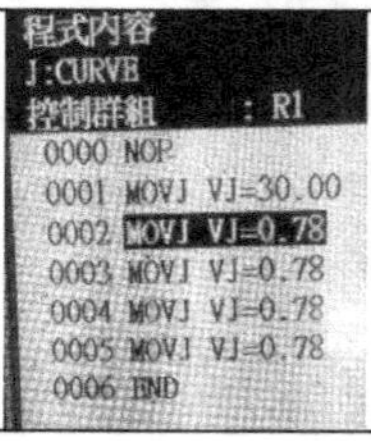程式內容 J:CURVE 控制群組 : R1 0000 NOP 0001 MOVJ VJ=30.00 0002 MOVJ VJ=0.78 0003 MOVJ VJ=0.78 0004 MOVJ VJ=0.78 0005 MOVJ VJ=0.78 0006 END

壹拾壹、 修正舊程式的定位點

　　　　重新銲接相同的材料，因治具架設可能會與以前有誤差，需要重新校正定位點的位置。就是將材料安裝到治具架上固定好。在 PLAY 模式下，逐點去校正定位點的位置。如果定位點有所不同，則變更該定位點的位置，做法參考表 3-4。

　　　　如果程式內碰到有非運動類指令，無法進行軌跡確認，則用方向鍵往下移動到有運動指令的程式上，再進行移動與校正。

壹拾貳、 編輯有銲接功能的程式

　　　　學習者已經會編寫手臂路徑的程式，接著就要加入銲接指令，成為有銲接功能的程式。

一、軌跡程式加入起弧指令

　　　　通常是在銲縫起點之前加入起弧指令。以直線銲縫為例，示意圖如圖 3-18。

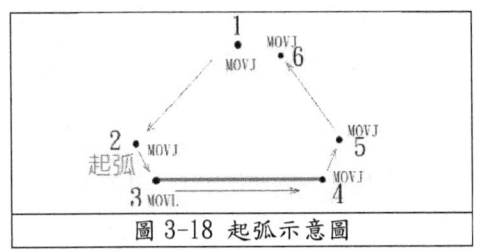

圖 3-18 起弧示意圖

　　　　要在第 2 個定位點後面，加入起弧功能，操作方法如表 3-12：

表 3-12 軌跡程式加入起弧指令操作方法

步驟	操作	圖示
1	叫出或重新編寫手臂銲接軌跡程式。	0000 NOP 0001 MOVJ VJ=0.78 0002 MOVJ VJ=0.78 0003 MOVL V=66 0004 MOVJ VJ=0.78 0005 MOVJ VJ=0.78 0006 MOVJ VJ=0.78 0007 END
2	讓游標到 0002 列最左側	0002 MOVJ VJ=30.00 0003 MOVL V=66
3	按「前進」鍵，讓手臂到達該定位點	
4	按起弧鍵	8 起弧 ▶

5	出現 ARCON 詳細編輯視窗	詳細編輯 ARCON 設定方法 未列舉 ... ARCON
6	按清除鍵,回到程式畫面	
7	按插入鍵	插入
8	按輸入鍵	
9	程式中多一列起弧程式	0000 NOP 0001 MOVJ VJ=30.00 0002 MOVJ VJ=30.00 0003 ARCON ← 0004 MOVL V=66 0005 MOVJ VJ=30.00 0006 MOVJ VJ=30.00 0007 MOVJ VJ=30.00 0008 END

在此延用內定的電流與電壓,如何變更,後面介紹。

二、軌跡程式加入收弧指令

在銲縫終點之後加入收弧指令。以直線銲縫為例,示意圖如圖 3-19。

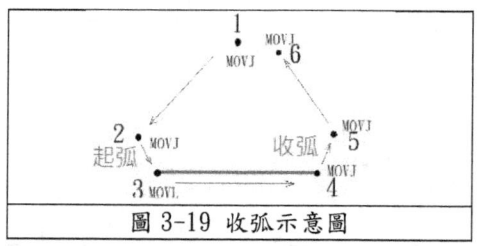

圖 3-19 收弧示意圖

在第 4 個定位點後面,加入收弧功能,操作方法如表 3-13:

表 3-13 軌跡程式加入收弧指令操作方法

步驟	操作	圖示
1	讓游標到 0005 列最左側	0003 ARCON 0004 MOVL V=66 0005 MOVJ VJ=30.00
2	按「前進」鍵,讓手臂到達該定位點	
3	按收弧鍵	5 收弧

4	出現 ARCOF 詳細編輯視窗	
5	按清除鍵，回到程式畫面	
6	按插入鍵	
7	按輸入鍵	
8	程式中多一列收弧程式	0005 MOVJ VJ=30.00 0006 ARCOF 0007 MOVJ VJ=30.00 0008 MOVJ VJ=30.00 0009 END

壹拾參、　　有銲接功能程式的檢查

　　　　在此開始用實際的材料，在上面畫銲縫，執行完整程式的編寫。建議，先寫完定位點程式，再插入起弧和收弧程式。如果很熟練則可同步進行。

　　　　有銲接功能程式的檢查在 TEACH 模式下，同時按互鎖鍵和測試運轉鍵，可做路徑模擬，但無銲接效果。使用前進鍵和後進鍵逐步檢查定位點時，碰到銲接指令列就無法動作，必須要將游標下移或上移到其他運動指令時，才能進行檢查。

壹拾肆、　　程式實際執行

　　　　寫完銲接程式，一定很想去銲看看。有手臂（CO_2、雷射）的要先做預約啟動程式設定後，才能在 PLAY 模式下，按啟動器上 START 鈕，進行銲接。有的手臂（氬銲）可以在 PLAY 模式下，直接按教導盒 START 鈕，進行銲接。這是管理者在教導盒上做了不同的設定結果。

一、有預約啟動程式

　　　　程式實際執行要先做完預約啟動程式設定，操作方法如表 3-14：

表 3-14 預約啟動程式操作方法

步驟	操作	圖示
1	在 TEACH 模式下，按主功能表區的「程式內容」選項，右邊出現次功能表	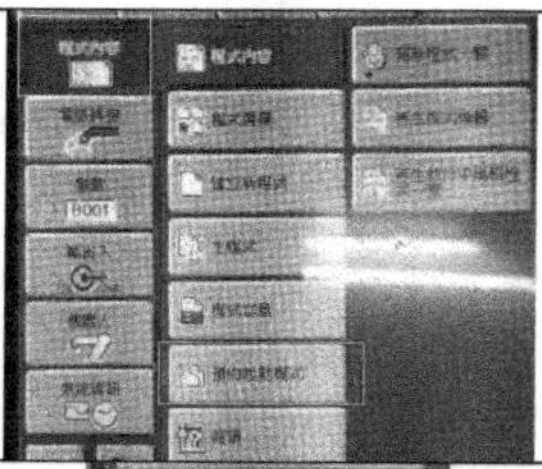
2	按「預約起動程式」選項	
3	出現預約起動程式視窗	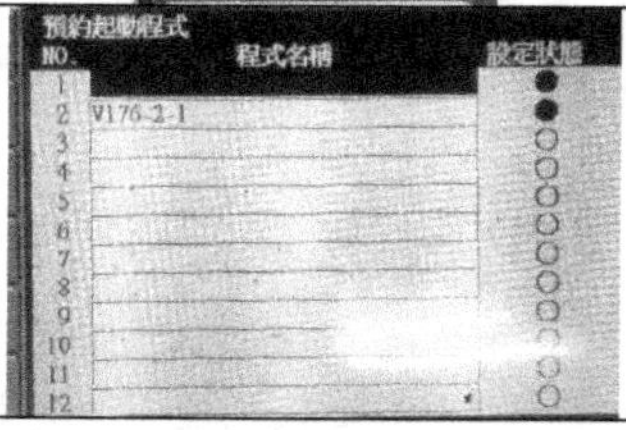
4	讓游標停在 NO.1 上	
5	按選擇鍵，出現啟動程式對話框	
6	游標在「起動程式登錄」上，按選擇鍵	
7	出現程式名稱視窗，將游標移動到要執行的程式檔名上，按選擇鍵	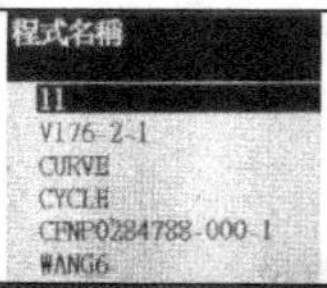
8	回到預約起動程式視窗，NO.1 出現要執行的程式檔名：11。	
9	轉到 PLAY 模式，按伺服電源備妥鍵，伺服電源燈長亮	
10	按啟動器綠色按鈕，開始執行實際銲接操作。	
11	手放紅色按鈕上，準備隨時可以暫時停止。	
12	若發生嚴重意外，馬上按緊急停止開關。	

主功能表的「程式內容」英文用 JOB 顯示，次功能表的「程式內容」英文用 JOB CONTENT 顯示。兩者中文稱呼一樣，但是英文不同，附帶的圖示也不同。

NO.1 代表第 1 個工作台，NO.2 代表第 2 個工作台。按第 1 個工作台的 START 鈕，會執行檔名 11 的程式。按第 2 個工作台的 START 鈕，會執行檔名 V176-2-1 的程

式。

在此狀態下，不論游標在程式中任何一列，都是從頭向後執行程式。

教導盒上的 START 鈕和 HOLD 鈕，是沒有作用的。

二、無預約啟動程式

直接按教導盒 START 鈕，進行銲接的方式。在 PLAY 模式下，螢幕中要看到將被執行銲接的程式，如果不是，就用開啟舊檔方式叫出來。讓游標到程式的開頭後，按教導盒 START 鈕，就可進行銲接。

在此方式下，如果游標不在程式開頭，而在其他地方，按教導盒 START 鈕，就從游標所在列程式，直接執行該程式的內容。如此便具有危險性，不得不防。

在此方式下，是沒有預約起動選項。啟動器也沒有效用。

三、電流電壓調整

在銲接完後，發現銲接品質不好，就必須調整電流和電壓等數值，操作方法如表 3-15。

表 3-15 電流電壓調整操作方法

步驟	操作	圖示
1	游標移到 ARCON 程式列	 0003 ARCON
2	游標右移到 ARCON 上，按選擇鍵	 0003 ARCON
3	緩衝列的 ARCON 反黑，按選擇鍵	 ARCON
4	出現 ARCON 詳細資料視窗，按選擇鍵	 詳細編輯 ARCON 設定方法 未使用
5	出現設定方法對話框，游標移到 AC=，按選擇鍵	 ARCON 設定方法 ASF#( ) AC= 未使用
6	出現電流、電壓等對話框，游標停在 AC=	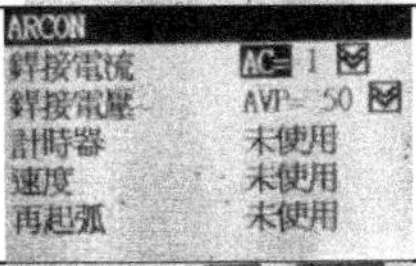 ARCON 銲接電流 AC= 1 銲接電壓 AVP= 50 計時器 未使用 速度 未使用 再起弧 未使用
7	游標右移到 1，按選擇鍵	 AC= 1
8	出現「銲接電流（A）=」，輸入 100，按輸入鍵	 AC= 100 銲接電流（A）=
9	出現 AC=100	銲接電流 AC= 100

10	按輸入鍵，回到程式畫面	
11	按輸入鍵，ARCON 右側已出現新的電流和電壓值	
12	游標向左移，可清楚看到程式內容	

電壓值不是用幾 V 代表，而是電流值的幾%。最小 50%，最大 150%。這樣的調整方法，也可應用在新建程式要加入起弧指令時使用。如果要銲多條銲縫，當有設定新的電流、電壓值後，後面的起弧指令會延用。但是如果關機重開，重新編輯此程式，要加入起弧指令時，便會用到內定的電流（1A）、電壓值（50%）。

第四章 銲接機器人操作高階

本章適合中、高階技術員閱讀，能寫織動銲接程式，調整銲接條件。

壹、教導盒共通性按鍵

　　　　補充說明不同手臂的教導盒，共通性按鍵。

一、定時器鍵

　　　　按定時器鍵（在數字鍵 1 位置，圖 4-1），可設定手臂停滯的時間。手臂停滯時間
中，可做保護氣體進行前吹或後吹等。指令是 TIMER。

二、E±鍵

　　　　按 E±鍵，能讓工作台前後擺動(圖 4-2)。

三、8±鍵

　　　　按 8±鍵，工作台台面左右旋轉(圖 4-3)。

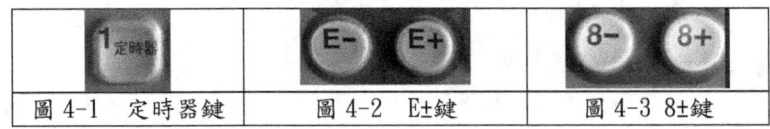

圖 4-1　定時器鍵	圖 4-2　E±鍵	圖 4-3 8±鍵

貳、雷射教導盒專用性按鍵

　　　　氬銲和 CO_2 手臂的銲接用按鍵相同，但雷射與前兩者不同。

一、氣體鍵

　　　　按氣體鍵（在數字鍵 2 位置，圖 4-4），選擇雷射條件編號。雷射條件編號會
設定功率大小與波形，另由 AIO 電腦設定。指令為 LASERPR。

二、電流電壓↑鍵

　　　　在銲縫起點前，按電流電壓↑鍵（在數字鍵 3 位置，圖 4-5），可以打開雷射
源，以進行銲接。指令為 LASERON。

三、電流電壓↓鍵

　　　　在銲縫結束點後，按電流電壓↓鍵（在符號鍵〞-〞位置，圖 4-6），可以關閉
雷射源，銲接中止。指令為 LASEROF。

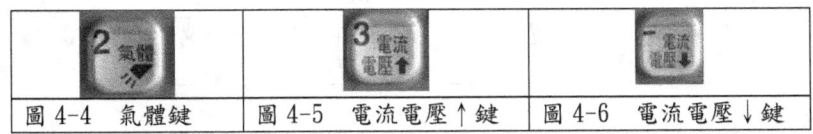

圖 4-4　氣體鍵	圖 4-5　電流電壓↑鍵	圖 4-6　電流電壓↓鍵

四、起弧鍵

在銲接開始前，按起弧鍵（在數字鍵8位置，圖4-7），可以吹出氬氣。指令為 ARCON。

五、收弧鍵

在銲接停止後，按收弧鍵（在數字鍵5位置，圖4-8），讓氬氣停止吹出。指令為 ARCOF。

六、送線鍵

按送線鍵（在數字鍵9位置，圖4-）9，可開啟高壓空氣。指令 AIRON

七、收線鍵

按收線鍵（在數字鍵6位置，圖4-10），可將高壓空氣關閉。指令 AIROF

圖 4-7　起弧鍵	圖 4-8　收弧鍵	圖 4-9　送線鍵	圖 4-10　收線鍵

參、指令一覽鍵介紹

將指令寫入程式方式有兩種，一是按功能鍵；二是透過指令一覽鍵與後續操作。前者介紹過，後者介紹如下。

一、指令種類

按「指令一覽」鍵(圖4-11)，會出一排選項的功能表，即各種類型指令，如輸出入、控制、作業、運動、運算、位移、其他、巨集，選項會因手臂種類不同而有部分差異(圖4-12，4-13)。

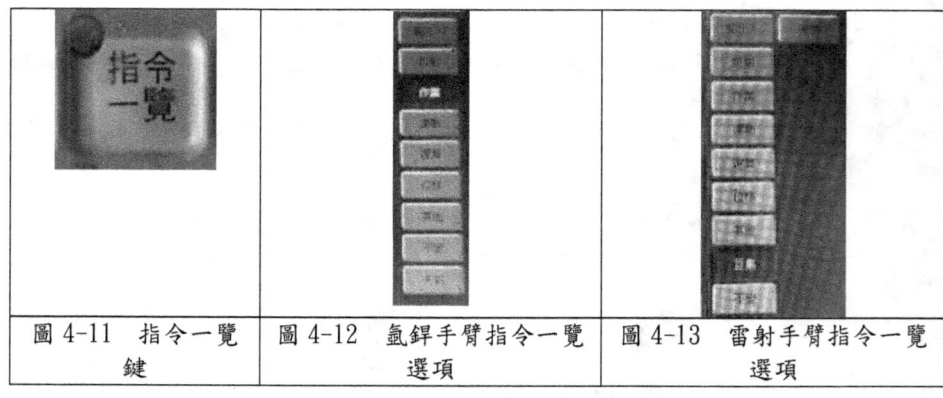

圖 4-11　指令一覽鍵	圖 4-12　氬銲手臂指令一覽選項	圖 4-13　雷射手臂指令一覽選項

每類指令又可細分多個指令。這些指令會因不同手臂而不同有數量選項。或是將某一相同指令放到不同類別。如 ARCON 指令在 CO_2 手臂是在「作業」(圖 4-14)，而雷射手臂則在「巨集」(圖 4-15)。

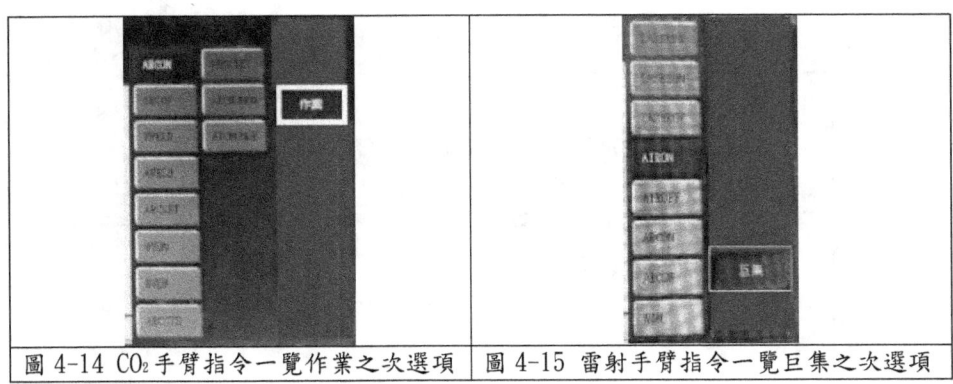

| 圖 4-14 CO_2 手臂指令一覽作業之次選項 | 圖 4-15 雷射手臂指令一覽巨集之次選項 |

二、由指令一覽鍵加入指令

　　例如在程式中加入擺弧開始指令與停止指令時，無法透過功能鍵，必須透過指令一覽鍵。加入擺弧方法如表 4-1：

表 4-1　加入擺弧指令方法

步驟	做法	圖示
1	已建立好新程式檔名 WVON，游標停在首列	程式內容 J:WVON 控制群組　　　　: R1 0000 NOP 0001 END
2	按「指令一覽」鍵，亮燈	指令一覽
3	視窗右側出現一行功能表	S:0000　輸出入 工具：*　　反射 內業 運動 運算 分析 其他 不變 制御

4	點選「作業」選項，左邊出現次功能表	
5	點選次選項「WVON」	
6	下視窗的輸入緩衝列出現 WVON WEV#(1)	
7	按輸入鍵，出現 WVON 詳細編輯視窗，游標停在 WEV#()上	
8	游標右移到數值 1 上，按輸入鍵，出現「擺弧檔案編號=」的長方框	
9	輸入已知編號 51，按輸入鍵，51 反黑	
10	按輸入鍵，輸入緩衝列出現 WVON WEV#(51)	
11	按輸入鍵，程式多一列 WVON WEV#(51)	
12	按右側功能表的「先前」選項，功能表消失	
13	按「指令一覽」鍵，亮滅，程式加入完成	

織動條件的設定第五章會介紹，這裡先了解加入擺弧開始指令方法。

加入停止擺弧指令，操作方法如表 4-2：

表 4-2 加入停止擺弧指令方法

步驟	做法	圖示
1	游標到想插入位置前一列程式上	 0007 MOVL V=11.0 0008 MOVJ VJ=0.78 0009 LASBROF 0010 ARCOF 0011 AIROFF
2	按「指令一覽」鍵，亮燈	 指令一覽
3	視窗右側出現功能表	 S:0000 工具：
4	點選「作業」選項，左邊出現次功能表	 作業
5	點選次選項「WVOF」；或游標移動到「WVOF」，再按選擇鍵	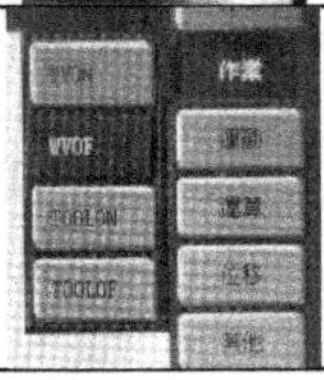 WVOF TOOLOF 作業
6	按插入鍵，燈亮	
7	按輸入鍵，程式多一列 WVOF	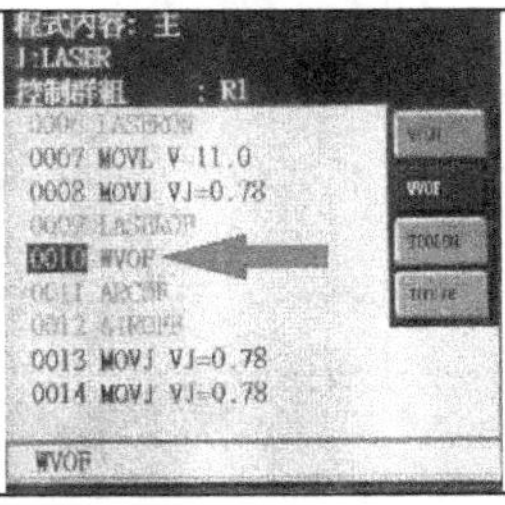 程式內容：主 J：LASER 控制群組 ：R1 0006 LASBRON 0007 MOVL V 11.0 0008 MOVJ VJ=0.78 0009 LASBROF 0010 WVOF ← 0011 ARCOF 0012 &HROFF 0013 MOVJ VJ=0.78 0014 MOVJ VJ=0.78 WVOF
8	按右側功能表的「先前」選項，功能表消失	
9	按「指令一覽」鍵，亮滅，程式完成	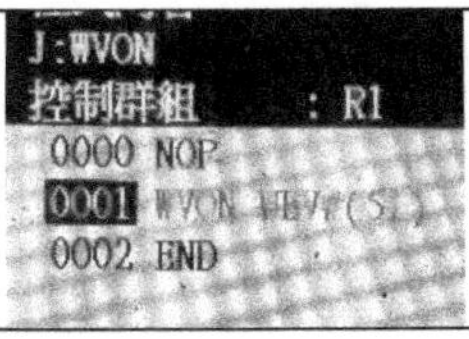 J：WVON 控制群組 ：R1 0000 NOP 0001 WVON WEV=CS1 0002 END

64

肆、手臂到作業原點

　　　作業原點是手臂內定的特定位置，可供校正或手臂到達合適的位置。目前先介紹兩種原點：作業原點及第二原點。

一、手臂到作業原點

　　　手臂經撞擊後有偏差時，需要校正時使用。讓手臂移到作業原點操作方法如表4-3：

表 4-3　手臂移到作業原點操作方法

步驟	做法	圖示
1	按主功能表的「機器人」選項，出現次功能表	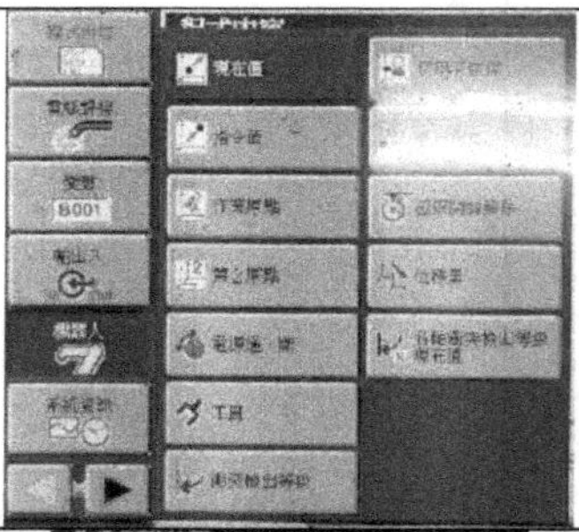
2	按「作業原點」選項，出現作業原點位置視窗。	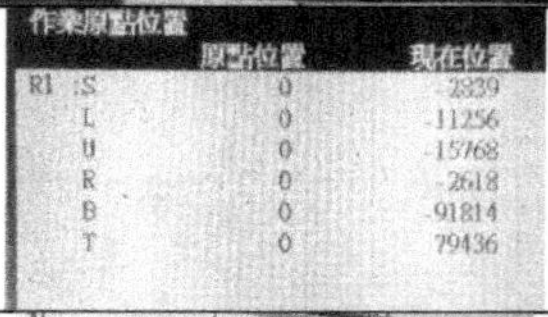
3	按前進鍵，使手臂移到作業原點位置	
4	手臂回到作業原點時的視窗	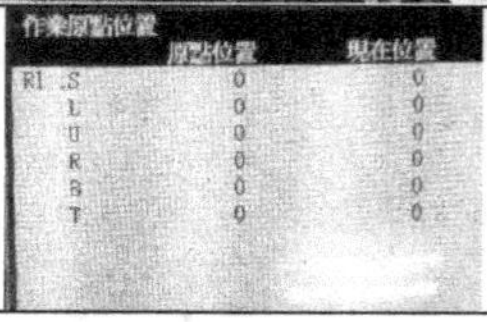

　　　手臂在作業原點的位置，銲槍高高平台，看起來不太自然。

二、手臂到第二原點

　　　　第二原點是操作者自行設定的，主要是提供手臂軌跡的第一個定位點參考使用。讓手臂移到第二原點操作方法如表 4-4：

表 4-4　手臂移到第二原點操作方法

步驟	做法	圖示
1	按主功能表的「機器人」選項，出現次功能表	
2	按「第 2 原點」選項，出現第 2 原點位置視窗。	
3	按前進鍵，使手臂移到第 2 原點位置	
4	手臂回到第 2 原點位置時的視窗	

　　　　手臂在第二原點的位置，看起來順眼。

三、變更第二原點

　　　　第二原點位置不理想時，可以變更。變更方式是將手臂移到想要的位置，按變更鍵，再按輸入鍵即可。

伍、一般程式程式修正

　　　　在此說明其他指令加入或修改的方法。

一、新增時間指令

　　　　希望手臂停止運動，以便做氣體預吹或後吹、氬銲增加熔化時間等，若為前吹必須要設定吹出時間。按「定時器」鍵（數字鍵 1 的位置），可使手臂停滯特定時間。做法如下表 4-5：

表 4-5 新增時間指令操作方法

步驟	做法	圖示
1	游標移到想插入位置前一列的程式最左邊	 J:WVON 控制群組 : R1 0000 NOP 0001 WVON WEV#(S1) 0002 END
2	按「定時器」鍵	 1 定時器
3	輸入緩衝列顯示時間指令 TIMER	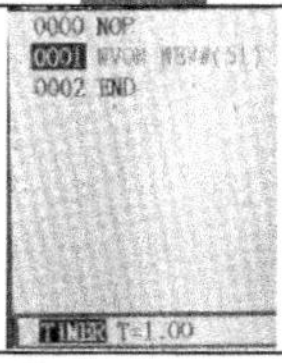 0000 NOP 0001 WVON WEV#(S1) 0002 END TIMER T=1.00
4	游標右移到數字 1.00 上	
5	按選擇鍵,出現時間交談盒	 時間 TIMER T 1.00
6	輸入數值如 2(秒)	 時間 T 2
7	按插入鍵,亮黃燈。如果在倒數第二列(END 指令前)插入,則不用按插入鍵。	
8	按輸入鍵,2 反黑	 TIMER T= 2.00
9	按輸入鍵,新增一列定時器時間指令(TIMER)	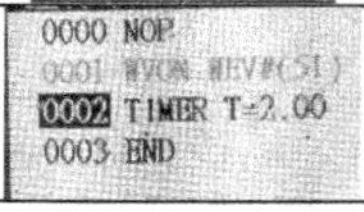 0000 NOP 0001 WVON WEV#(S1) 0002 TIMER T=2.00 0003 END

二、時間修正

在新增定時器時間指令時,會使用內定設定時間數值。修正時間的數值可以修正。修正定時器內定時間做法如表 4-6:

表 4-6 修正定時器內定時間操作方法

步驟	做法	圖示
1	游標移到想修改時間的程式列	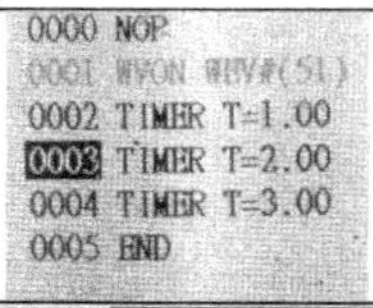 0000 NOP 0001 WVON WEV#(S1) 0002 TIMER T=1.00 0003 TIMER T=2.00 0004 TIMER T=3.00 0005 END
2	游標右移到指令和數字上	 0003 TIMER T=2.00
3	按選擇鍵, 輸入緩衝列的 TIMER 反黑	
4	游標右移到數字 2.00 上	

5	按選擇鍵，出現時間交談盒	時間= TIMER T 2.00
6	輸入數值 4	
7	按輸入鍵，在輸入緩衝列顯示修改後的時間	TIMER T=4.00
8	按插入鍵，時間已修正	0000 NOP 0001 WVON WEV#(51) 0002 TIMER T=1.00 0003 TIMER T=4.00 0004 TIMER T=3.00 0005 END

陸、雷射手臂程式修正

在此說明雷射手臂程式加入或修改的方法。

一、雷射條件加入

在銲接前加入雷射條件，按氣體鍵(在數字鍵 2 位置) 選擇雷射條件編號(圖 4-16)。不同的編號會決定雷射輸出功率大小與波形，設定方法另由 AIO 電腦設定。由雷射條件編號一覽表去選擇適合的條件。

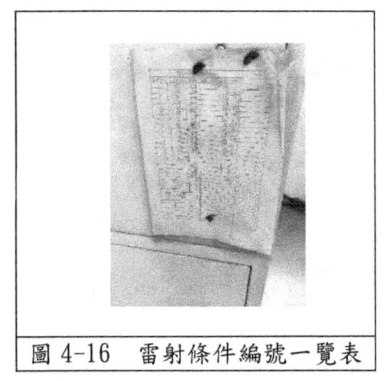

圖 4-16　雷射條件編號一覽表

本程式所有銲縫用相同條件，操作方法如表 4-7。

表 4-7　雷射條件加入操作方法

步驟	做法	圖示
1	叫出程式內容，游標移動 0000 列最左側	程式內容:主 J:LASER 控制群組　　　: R1 0000 NOP 0001 END
2	按氣體鍵	2 氣體

3	輸入緩衝列出現 LASERPR NO.=26	 LASERPR NO. = 26
4	游標右移到數值 26 上，反黑	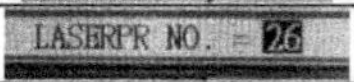 LASERPR NO. = 26
5	按選擇鍵，出現長方框，查表後輸入數值如 1。	 LASERPR NO. 1
6	按輸入鍵，輸入緩衝列出現 LASERPR NO.=1	 LASERPR NO. = 1
7	按輸入鍵，程式內容出現 LASERPR NO.=1 的指令	 0000 NOP / 0001 LASERPR NO. / 0002 END

全部程式只要設定一次即可，重要是放在 0001 列。

二、雷射條件編號修改

加入雷射條件程式後，如果銲接效果不佳，就要更改其雷射條件編號。操作方法如表 4-8：

表 4-8 更改雷射條件編號操作方法

步驟	做法	圖示
1	在 TEACH 模式下，游標移到 LASERPR NO.=1，反黑	
2	按選擇鍵	
3	輸入緩衝列游標向右移，1 反黑	
4	按選擇鍵，出現長方框	
5	輸入 2，再按輸入鍵	 LASERPR NO. = 2
6	按輸入鍵	
7	程式中的擺弧檔案編號改成 2	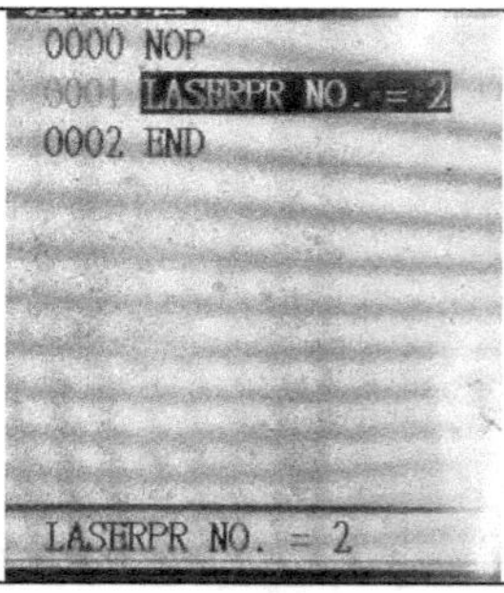 0000 NOP 0001 LASERPR NO. = 2 0002 END LASERPR NO. = 2

三、打開雷射源

在雷射振盪器產生的雷射光，需要指令讓其流動到雷射頭。在每一銲縫起點前，按電流電壓↑鍵（在數字鍵 3 位置），可以打開雷射源，以進行銲接，指令為 LASERON。打開雷射源操作方法如表 4-9：

表 4-9 打開雷射源操作方法

步驟	做法	圖示
1	叫出程式內容，游標移動銲縫起點前列程式最左側	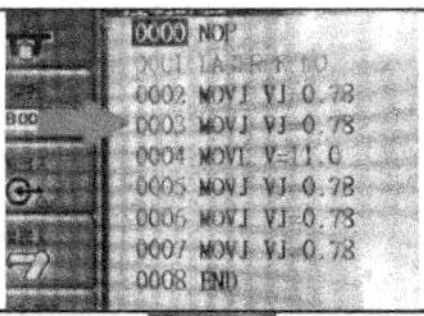
2	按電流電壓↑鍵	
3	輸入緩衝列出現 LASERON	
4	按插入鍵，亮黃燈。	
5	按輸入鍵	
6	程式內容出現 LASERON 的指令	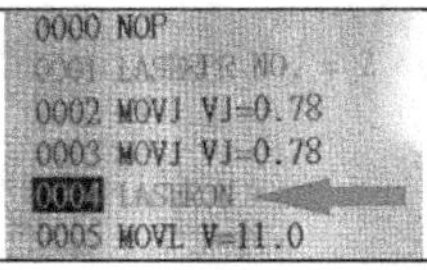

四、關閉雷射源

在銲縫結束點程式列，按電流電壓↓鍵（在符號鍵〝-〞位置），可以關閉雷射源，銲接中止。指令為 LASEROF。關閉雷射源操作方法如表 4-10：

表 4-10 關閉雷射源操作方法

步驟	做法	圖示
1	叫出程式內容，游標移動銲縫終點程式最左側	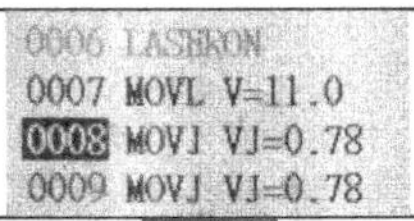
2	按電流電壓↓鍵	
3	輸入緩衝列出現 LASEROF	
4	按插入鍵，亮黃燈。	
5	按輸入鍵	
6	程式內容出現 LASEROF 的指令	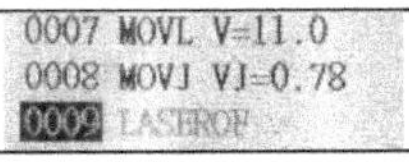

五、吹出氬氣

在銲接開始前，按起弧鍵（在數字鍵 8 位置），可以吹出氬氣，保護熔池。指令為 ARCON。吹出氬氣，操作方法如表 4-11：

表 4-11 吹出氬氣，操作方法

步驟	做法	圖示
1	叫出程式內容，游標移動銲縫起點前一列程式最左側	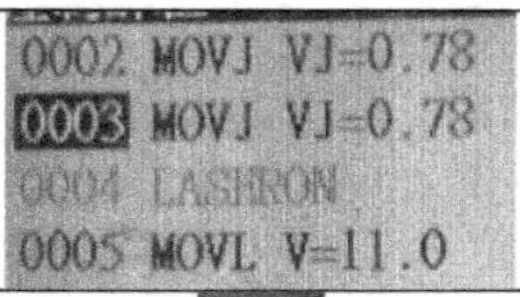 0002 MOVJ VJ=0.78 0003 MOVJ VJ=0.78 0004 LASHRON 0005 MOVL V=11.0
2	按起弧鍵	 8 起弧
3	輸入緩衝列出現 ARCON	
4	按插入鍵，亮黃燈。	
5	按輸入鍵	
6	程式內容出現 ARCON 的指令	 0004 ARCON 0005 LASHRON 0006 MOVL V=11.0

六、氬氣停止吹出

在銲接停止後，按收弧鍵（在數字鍵 5 位置），讓氬氣停止吹出。指令為 ARCOF。關閉氬氣操作方法如表 4-12：

表 4-12　關閉氬氣操作方法

步驟	做法	圖示
1	叫出程式內容，游標移動銲縫終點程式列最左側，最好是在 LASEROF 列上。	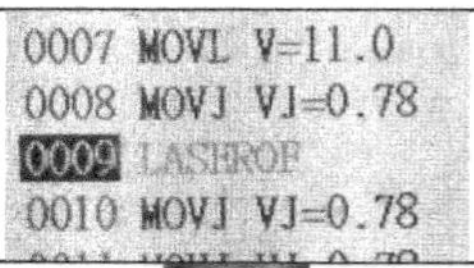 0007 MOVL V=11.0 0008 MOVJ VJ=0.78 0009 LASEROF 0010 MOVJ VJ=0.78
2	按收弧鍵	 5 收弧
3	輸入緩衝列出現 ARCOF	 ARCOF
4	按插入鍵，亮黃燈。	
5	按輸入鍵	
6	程式內容出現 ARCOF 的指令	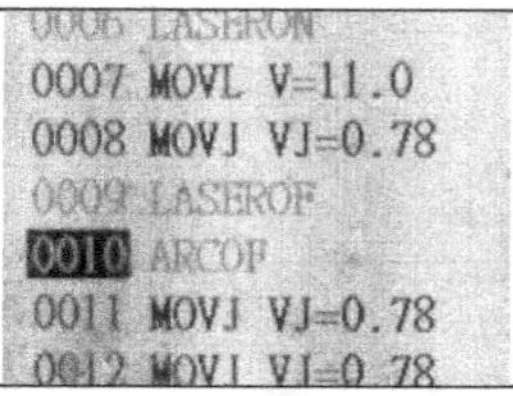 0006 LASERON 0007 MOVL V=11.0 0008 MOVJ VJ=0.78 0009 LASEROF 0010 ARCOF 0011 MOVJ VJ=0.78 0012 MOVJ VJ=0.78

七、開啟高壓空氣

高壓空氣可以吹除銲渣，按送線鍵（在數字鍵 9 位置），可開啟高壓空氣。指令 AIRON。開啟高壓空氣，操作方法如表 4-13：

表 4-13 開啟高壓空氣操作方法

步驟	做法	圖示
1	叫出程式內容，游標移動銲縫起點程式前一列最左側	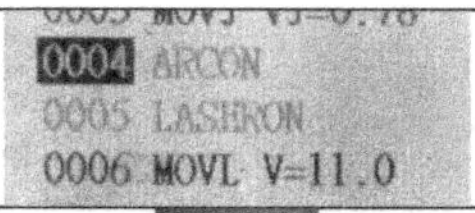 0003 MOVJ VJ=0.78 0004 ARCON 0005 LASERON 0006 MOVL V=11.0
2	按送線鍵	 9 送線
3	輸入緩衝列出現 AIRON	
4	按插入鍵，亮黃燈。	
5	按輸入鍵	
6	程式內容出現 AIRON 的指令	 0003 MOVJ VJ=0.78 0004 ARCON 0005 AIRON 0006 LASERON 0007 MOVL V=11.0

八、關閉高壓空氣

按收線鍵（在數字鍵 6 位置），可將高壓空氣關閉。指令 AIROF。關閉高壓空氣，操作方法如表 4-14：

表 4-14　關閉高壓空氣操作方法

步驟	做法	圖示
1	叫出程式內容，游標移動銲縫終點程式列最左側，或是在 LASEROF 列上或其後。	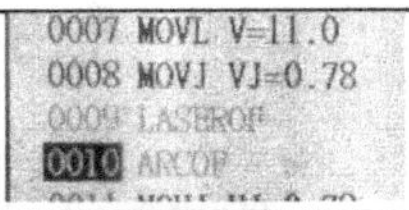 0007 MOVL V=11.0 0008 MOVJ VJ=0.78 0009 LASEROF 0010 ARCOF 0011 MOVL VJ=0.78
2	按收線鍵	 6 收線
3	輸入緩衝列 AIROFF	 AIROFF
4	按插入鍵，亮黃燈。	
5	按輸入鍵	
6	程式內容出現 AIROFF 的指令	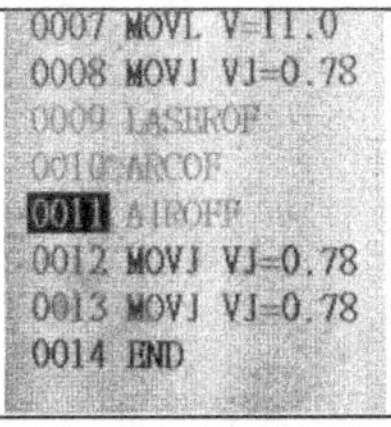 0007 MOVL V=11.0 0008 MOVJ VJ=0.78 0009 LASEROF 0010 ARCOF 0011 AIROFF 0012 MOVJ VJ=0.78 0013 MOVJ VJ=0.78 0014 END

關閉氬氣與高壓氣體，應在關閉雷射源之後，那個先關，沒有一定關係。

柒、程式內容搜尋

當編輯程式時，需要透過搜尋方式去找到我們要的內容，以下介紹在 TEACH 模式下的搜尋功能。

一、到程式內容最頂端

當程式內容很多，不想慢慢移動游標到最頂端，想直接跳到第 0000 列時用。操作方法如表 4-15：

表 4-15　游標到程式內容最頂端操作方法

步驟	做法	圖示
1	在程式內容視窗	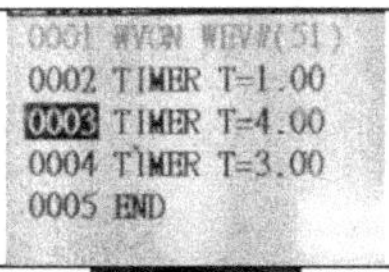
2	到功能表區，選取「編輯」，出現下拉功能表	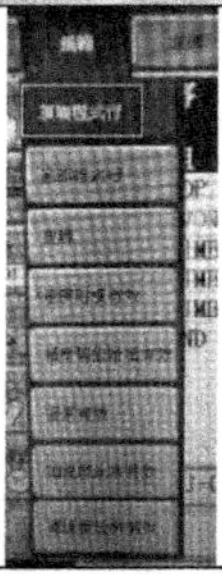
3	游標停在下拉功能表「頂端程式行」	
4	按選擇鍵，游標跳到第 0000 列	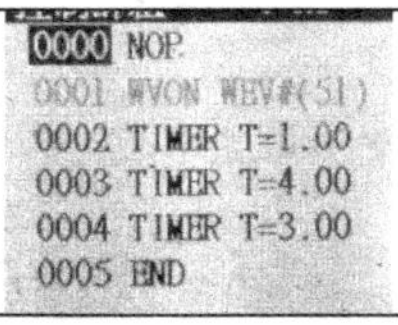

二、到程式內容最本末端

當程式內容很多，游標想直接跳到最後一列時用。操作方法如表 4-16：

表 4-16　游標到程式內容最本末端操作方法

步驟	做法	圖示
1	到功能表區，選取「編輯」，出現下拉功能表	
2	游標移到下拉功能表「底部程式行」	

3	按選擇鍵，游標跳到最後一列	

三、指令搜尋

　　是透過指令一覽表來找到程式列時用。操作方法如表 4-17：

表 4-17　指令搜尋操作方法

步驟	做法	圖示
1	到功能表區，選取「編輯」，出現下拉功能表	
	點選「搜尋」，出現交談盒	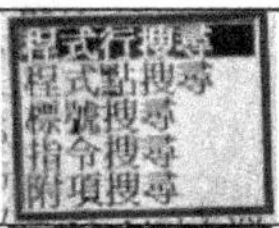
2	游標移到「指令搜尋」	
3	出現指令一覽功能表	
4	游標移到指令類別如「作業」，按選擇鍵，出現次功能表	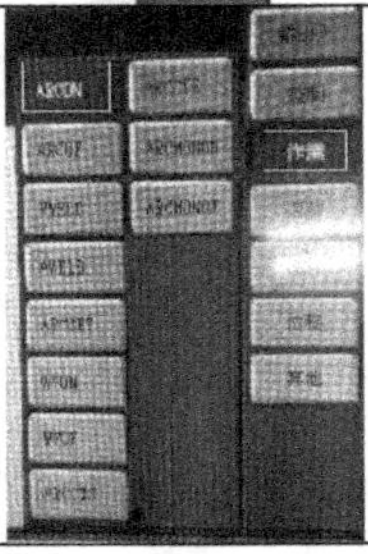
5	游標移到指令名稱如 ARCON	
6	按選擇鍵，游標停在有 ARCON 的程式列	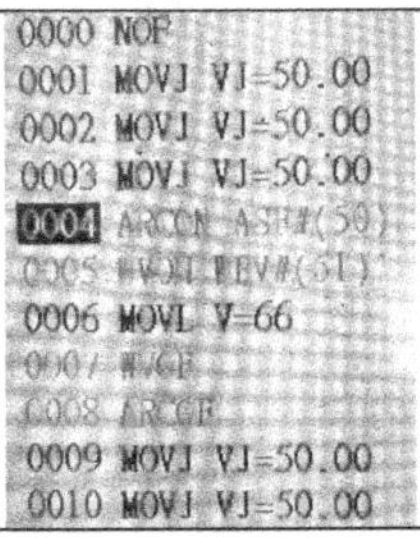

捌、建立新程式

　　現在由操作者自己建立新的程式，而不是利用別人建立好的程式來練習。建立新程式時，從檔名的命名，對本程式的註解，控制群組的決定，是一開始要做的事情。

　　雷射手臂建立新程式的操作方法如表 4-18：

表 4-18　雷射手臂建立新程式的操作方法

步驟	做法	圖示
1	選主功能表的「程式內容」	
2	選次功能表的「建立新程式」選項	
3	出現「新程式建立」視窗，游標停在程式名稱右側	
4	按選擇鍵，輸入檔名 NEW	
5	按輸入鍵，程式名稱出現剛鍵入的檔名。	
6	游標下移停在註釋右側	
7	按選擇鍵，輸入對本程式的註解 LEARN	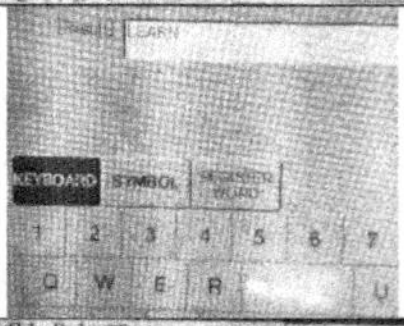
8	按輸入鍵，註釋出現剛鍵入的註解 LEARN	
9	游標停在控制群組右側，內定為 R1。只有手臂移動，而工作台固定不動時，選此項。	
10	如果手臂和工作台都會移動時，按選擇鍵，出現控制群組交談會。	

11	游標停在 R1+S1：S1	
12	按輸入鍵，控制群組出現 R1+S1	
13	程式形式內定用機器人程式	
14	按左下角的「執行」	
15	出現「程式內容」視窗	

　　　如果手臂的工作台是固定式，就沒有控制群組 R1+S1 可選。也沒有程式形式選項。「程式內容」視窗如同第三章基本程式介紹的一樣，只有兩列程式，0000 列 NOP 代表程式開頭，0001 列 END 代表程式結束。

玖、有銲接功能的程式增修

　　　程式中有移動指令、銲接指令、時間指令就可以構成最基本銲接功能的程式。氬銲會搭配氣體前(預)吹、後吹時間，雷射銲接會搭配氣體後吹時間。以單一直線銲縫為例，建構三種手臂的銲接程式供參考(圖 4-17，表 4-19)，當有更多銲縫，只是此程式的延伸而已。

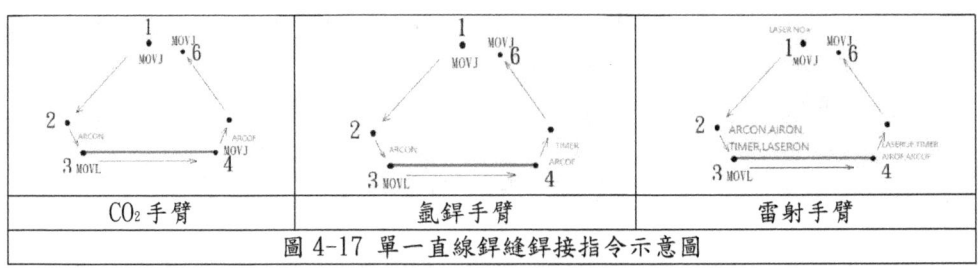

CO₂ 手臂	氬銲手臂	雷射手臂
圖 4-17 單一直線銲縫銲接指令示意圖		

表 4-19　不同手臂單一直線銲縫程式比較

CO_2 手臂	氬銲手臂	雷射手臂	說明
NOP	NOP	NOP	程式開頭，必在 0000 列
		LASER NO. =	雷射條件
MOVJ	MOVJ	MOVJ	第一定位點
MOVJ	MOVJ	MOVJ	第二定位點
ARCON	ARCON	ARCON	CO_2 和氬銲代表起弧，雷射代表啟動氬氣
		AIRON	啟動高壓保護氣體
		TIMER	停滯時間，氣體前吹，可以不設
		LASERON	打開雷射源
MOVL	MOVL	MOVL	第三定位點:銲縫起點
MOVJ	MOVJ	MOVJ	第四定位點:銲縫終點
ARCOF	ARCOF		CO_2 和氬銲代表收弧
		LASEROF	關閉雷射源
	TIMER	TIMER	停滯時間，氣體後吹。可以不設。
		AIROFF	關閉高壓保護氣體
		ARCOF	代表關閉氬氣
MOVJ	MOVJ	MOVJ	第五定位點
MOVJ	MOVJ	MOVJ	第六定位點
END	END	END	程式結束，必在最後一列

表 4-19 中，ARCON、ARCOF 代表意義，雷射與 CO_2 和氬銲不同。雷射有多加雷射條件和高壓氣體。雷射手臂在銲縫起點前的 ARCON、AIRON、TIMER、LASERON，順序沒有一定。

壹拾、　水平織動條件設定

　　　　擺弧的學術用語是織動。是在織動中進行銲接，有別於直線銲接。當銲縫比較寬，雷射的焦點太小，需要加大銲接範圍時，就需用到織動。在板金材料上，用水平織動的機會比較多。

　　　　在程式內有 WVON 指令時，就會進行織動。但織動的條件需要另外設定，條件編號自 1-255 號，自行決定。因為是水平織動，因此只需要單織動即可。速度形式有兩種：頻率、移動時間，這裡先介紹頻率設定方法。

　　　　雷射手臂水平織動條件設定，操作方法如表 4-20：

表 4-20　雷射手臂水平織動條件設定操作方法

步驟	做法	圖示
1	在 TEACH 模式下，主功能表選「汎用」，按右側選「擺弧」	
2	出現「擺弧條件」視窗	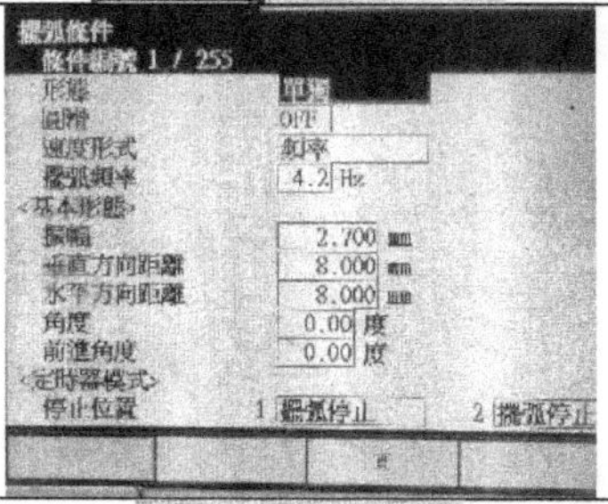
3	按下視窗的「頁」鈕，出現「擺弧檔案編號=」	
4	在擺弧檔案編號中輸入 50	
5	按輸入鍵，出現擺弧條件條件編號 50/255 視窗	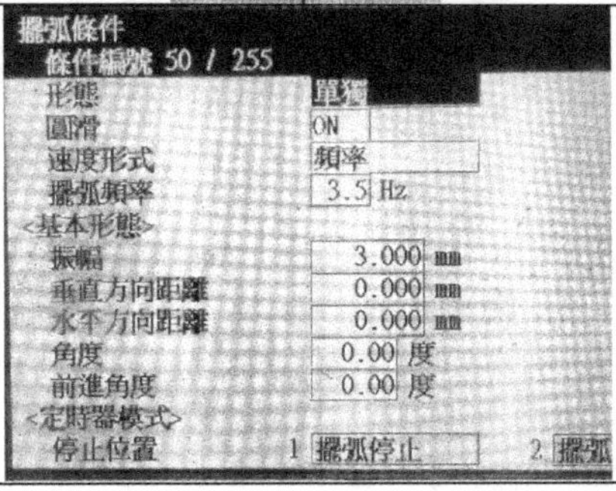
6	形態按選擇鍵，再選單獨(0)	
7	速度形式按選擇鍵，再選頻率	
8	振幅按選擇鍵，輸入銲道寬度。實際結果會依熔池大小而改變	
9	角度(angle) 按選擇鍵，輸入值介於 0-0.1 度	
10	按主功能表「程式內容」	
11	按次主功能表「程式內容」	
12	回到程式內容視窗	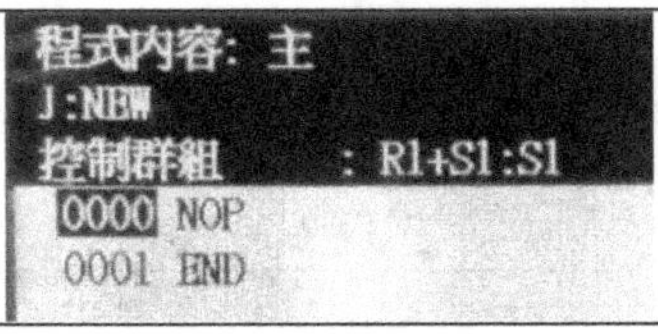

壹拾壹、銲接功能的程式加入擺弧指令

　　　　如果只有起弧指令，銲槍只是直線運行。如果想要變成織動，則要再加入擺弧指令。

一、插入擺弧指令

　　　　一般是先寫好軌跡程式，再插入銲接類指令，包括擺弧指令。要在程式中插入擺弧指令的操作方法如表 4-21：

表 4-21　式中插入擺弧指令操作方法

步驟	做法	圖示
1	在 TEACH 模式下，游標到想插入位置的前一列程式上	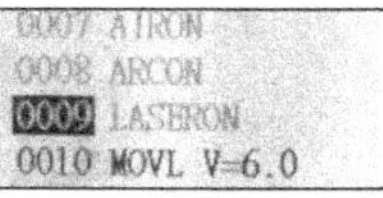 0007 AIRON 0008 ARCON 0009 LASERON 0010 MOVL V=6.0
2	按程式一覽鍵	
3	參考表 4-1 加入擺弧方法的操作方法	
4	程式中多一條擺弧程式	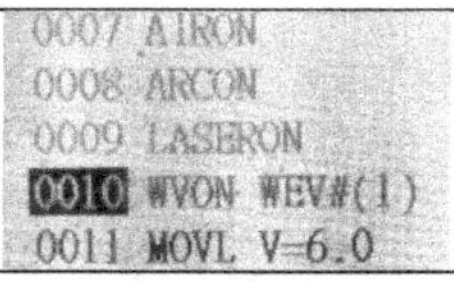 0007 AIRON 0008 ARCON 0009 LASERON 0010 WVON WEV#(1) 0011 MOVL V=6.0
5	按指令一覽鍵，燈滅	

二、更改擺弧條件

　　　　當測試銲接效果不佳時，便要更改擺弧條件。一種是直接變更擺弧的設定，一種是更改擺弧條件編號。更改擺弧條件編號的操作方法如表 4-22：

表 4-22　更改擺弧條件編號的操作方法

步驟	做法	圖示
1	在 TEACH 模式下，游標移到 WVON WEV#(1)上，反黑	 0010 WVON WEV#(1)
2	按選擇鍵，輸入緩衝列出現 WVON WEV#(1)	 WVON WEV#(1)
3	輸入緩衝列游標向右移，1反黑	
4	按選擇鍵，出現「擺弧檔案編號 =」長方框	 擺弧檔案編號 WVON WEV# 1
5	輸入 51	 擺弧檔案編號 WVON WEV# 51
6	按輸入鍵，輸入緩衝列出現 WVON WEV#(51)	 WVON WEV#(51)

| 7 | 按輸入鍵，程式中的擺弧檔案編號改成 51 | | 0010 WVON WEV#(51)
0011 MOVL V-6.0
0012 WVOF
0013 LASROF
0014 ARCOF
0015 AIROFF

WVON WEV#(51) |

壹拾貳、旋轉台轉動練習

　　　　旋轉式工作台有單旋轉與雙旋轉式。公司內以雙旋轉較多，也是本教材介紹的主題。以雷射手臂搭配的雙旋轉式工作台為例，在直角座標系統中，E±鍵(圖 4-18)，可讓工台前後搖擺，最多接近 180 度。E-鍵使工作台向前擺，E+鍵使工作台向後擺。8±鍵(圖 4-19)可讓工作台台面左右旋轉，按越久，轉越多圈。8-鍵使工作台面逆時鐘轉，8+鍵使工作台面順時鐘轉。學習者自行練習，練習前將工作台上清空，人不要太靠近工作台。

E-　　E+	8-　　8+
圖 4-18　E±鍵	圖 4-19　8±鍵

壹拾參、編寫使用旋轉台的程式

　　　　旋轉台每擺動一個角度、工作台面旋轉某個角度和兩者都旋轉，都是一個定位點。寫程式時依照手臂運動和旋轉台運轉的個別順序，依序增加定位點。定位點確定後，再加入銲接類、時間等指令。

一、動作原理

　　　　手臂和旋轉台在實際銲接作業中，不是手臂運動時，旋轉台停止；或是旋轉台旋轉時，手臂停止。而是兩者都在動，但不會互撞。

二、練習銲接旋轉台上轉動後之金屬板

　　　　假設對於手臂的移動已經很熟練，就可在金屬板上畫一直線，用電磁鐵固定於旋轉台上(圖 4-20)。練習將旋轉台轉動 30 度(圖 4-21)，再利用手臂去銲接直線所在位置。如果不熟練就用紙箱或保麗龍盒代替金屬板為宜。

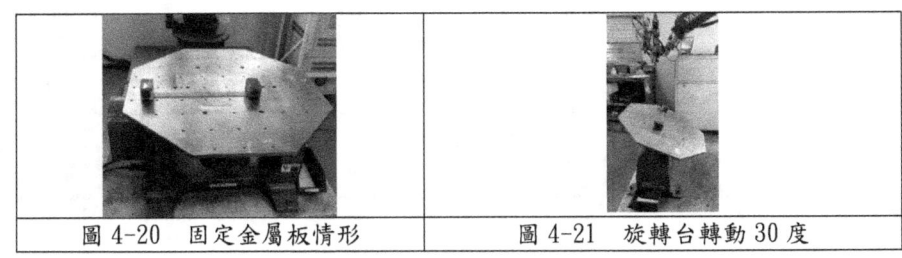

圖 4-20　固定金屬板情形	圖 4-21　旋轉台轉動 30 度

第五章 銲接機器人操作最高階

本章適合工程師閱讀，會設計夾治具，能寫銲接程式以完成工件要求。進行程式管理。解決現場各種故障。

壹、位置精度（Position level）設定

當手臂移動時，移動軌跡精準程度可以做設定。如圖5-1所示，手臂從P1點經P2點到達P3點，可以走直線軌跡，亦可走曲線軌跡。直線軌跡的層次是0，精準度最高。曲線軌跡的層次是1-8，數值愈大，越不精準。精度設定要參考周邊狀況、工件位置等情況，或避免撞機等。層次0準度最高，但在移動時會有頓停的動作。層次8為精度最不準，但移動時較順暢，並能縮短時間。操作者依實務經驗決定精準程度。

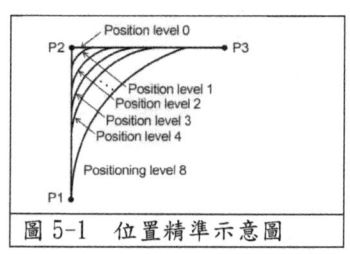

圖5-1　位置精準示意圖

通常在編輯程式時，為了讓畫面簡化，移動指令後面並未讓位置精度顯示出來。但是如果移動指令後面有看到PL=0-8時，就是能顯示出位置精度。要想在輸入緩衝列能看到內定的位置精度的操作方法如表5-1：

表5-1　在輸入緩衝列能看到內定的位置精度

步驟	做法	圖示
1	在TEACH模式，看到程式內容視窗	
2	按功能表區的「編輯」項目，出現下拉功能表，	
3	按「精度等級附項有效」選項	
	輸入緩衝列出現內定位置精度	MOVJ VJ=0.78 PL=0

程式中會讓移動指令位置精度顯示出來。再依前表的操作步驟1，2執行時，「精度等級附項有效」選項前會有「＊」字號出現，代表在程式中會顯示移動指令位置精度。因此若不想在輸入緩衝列看到位置精度，就把「＊」字號消失。

在加入移動指令時，也可同步設定位置精度。以後也可回頭修改位置精度。

貳、各指令詳細內容

按「直接切換」鍵(圖5-2)，可以直接看到程式內容中部分指令列（如運動、擺弧開始）詳細視窗。

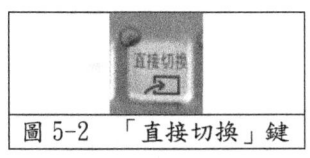

圖5-2　「直接切換」鍵

操作方法是將游標移到任何一列(圖5-3，圖5-5)，然後按「直接切換」鍵，若亮黃燈，就會出現該列的詳細視窗(圖5-4，圖5-6)。再按一次「直接切換」鍵，燈滅，詳細視窗消失，回到原先的程式內容。

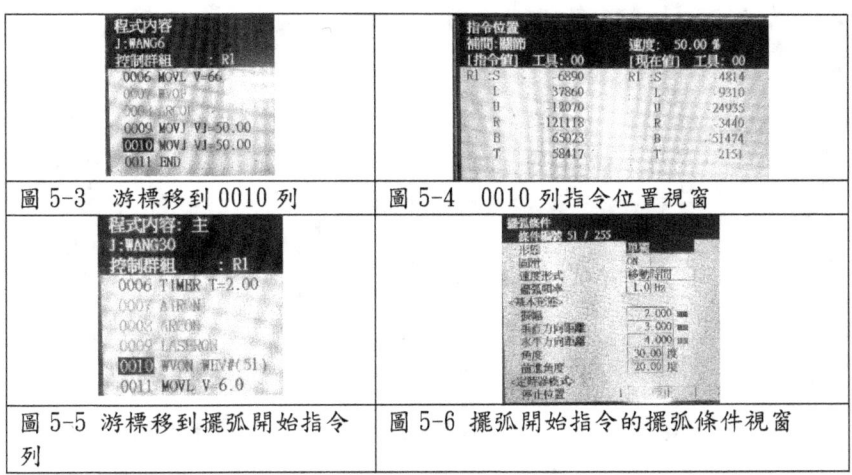

圖5-3　游標移到0010列	圖5-4　0010列指令位置視窗
圖5-5　游標移到擺弧開始指令列	圖5-6　擺弧開始指令的擺弧條件視窗

參、再生作業設定

Playback 的中文翻譯為再生、重放、重演。意思是依寫好的程式內容執行，因為每次都一樣，就像錄音、錄影一樣，可以重複播放。尤其是在 PLAY 模式下，看到程式內容左上角，都會變成「再生：主」。再生雖然是重複播放手臂執行實際操作的過程，但是可以設定不同的展現結果，例如在按下 START 鈕之後，不想實際產生熱源，只想看到織動的效果。

一、PLAY 模式再生作業設定

在 PLAY 模式下，再生作業設定有六種選項，它們是低速起動、限速啟動、試運轉速度、機械鎖定運轉、檢查運轉、檢查運轉時，禁止擺弧。讓其出現方法如表 5-2。

表 5-2　PLAY 模式下，顯示再生作業設定選項

步驟	做法	圖示
1	在 PLAY 模式下，按功能表區的「公用」，出現下拉功能表	
2	選擇「特殊運轉設定」選項	
3	出現「特殊再生運轉設定」視窗	

各選項後面的「無效」，代表未被啟動。需要改成「有效」，才會被啟動。

用得到選項的是檢查運轉；及檢查運轉時，禁止擺弧和檢查運轉。檢查運轉是不執行工作指令如 ARCON，會執行運動和織動等指令。主要是用來確認程式的路徑是否合適，操作方法如表 5-3。

表 5-3　檢查運轉操作

步驟	做法	圖示
1	讓游標在「特殊再生運轉設定」視窗向下移動到「檢查運轉」右側	
2	按選擇鍵，變成「有效」	檢查運轉　　有效
3	按下視窗的「完成」	完成
4	在 PLAY 模式下，按 START 鈕	

「檢查運轉時，禁止擺弧」選項是不執行工作指令如 ARCON。雖有擺弧指令，但不會織動，只會走直線。如此可以加快時間，但不執行銲接與織動，操作方法如表 5-4。

表 5-4　檢查運轉時，禁止擺弧操作

步驟	做法	圖示
1	讓游標在「特殊再生運轉設定」視窗向下移動到「檢查運轉，禁止擺弧」右側	
2	按選擇鍵，變成「有效」	檢查運轉,禁止擺弧　　有效
3	按下視窗的「完成」	完成
4	在 PLAY 模式下，按 START 鈕	

檢查運轉是讓手臂以統一的慢速（最高速的 10%）進行（圖 5-7），不管程式中各運動指令的各種速度為何。主要是用於測試非常慢的手臂運動工作時用。

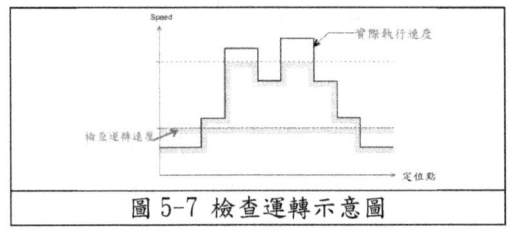

圖 5-7　檢查運轉示意圖

　　機械鎖定運轉時，手臂不會動，但其他功能正常。這是在測試各種輸出或輸入的狀態。
　　「特殊再生運轉設定」視窗中，可以同時讓兩個或兩個以上選項成為有效。

二、TEACH 模式再生作業設定
　　在 TEACH 模式下，也有再生作業設定，即「特殊運轉設定」，只不過只有兩種選項：機器運轉鎖定；測試運轉/單步運動時，禁止擺弧。使選項出現的操作方法如表 5-5：

表 5-5　在 TEACH 模式下，顯示再生作業設定選項

步驟	做法	圖示
1	出現程內容視窗，在 TEACH 模式下，按功能表區的「公用」，出現下拉功能表	
2	選擇「特殊運轉設定」選項	
3	出現「特殊教導運轉設定」視窗	
4	讓任選項變有效	
5	按完成	
6	按互鎖鍵＋測試運轉鍵去執行模擬	

三、取消所有的再生作業有效設定
　　當我們測試完後，要真正按實際情形操作時，可以參考表 5-5 的作法，逐一將有效改回無效。也可用更快的方法一次取消所有的有效設定，方法如表 5-6：

表 5-6　取消所有的有效設定操作方法

步驟	做法	圖示
1	在 PLAY 模式下，按功能表區的「編輯」，出現下拉功能表	
2	選擇「全體設定解除」選項	

肆、程式管理

當程式越來越多時，就需要放在不同的資料夾，以便尋找。整個程式也可以被刪除、複製。

一、複製程式

有兩種方式可以做程式複製，一是在程式內容視窗執行，二是在程式一覽表視窗執行。在程式內容視窗執行複製程式，操作方法如表 5-7：

表 5-7　在程式內容視窗執行複製程式

步驟	做法	圖示
1	在 TEACH 模式下，到主功能表選「程式內容」	
2	在次功能表選「程式內容」，出現程式內容視窗	
3	在功能表區選「程式」	
4	在下拉功能表選「程式複製」	
5	輸入新檔名 copy1，按輸入鍵或螢幕中之 Enter	
6	出現複製交談盒，按「是」	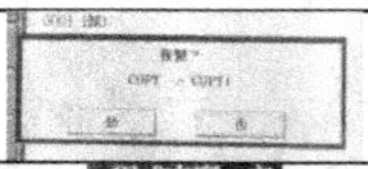
7	視窗出現 copy1 檔之程式內容	

在程式一覽表視窗執行複製程式，操作方法如表 5-8：

表 5-8　在程式一覽表視窗執行複製程式

步驟	做法	圖示
1	在 TEACH 模式下，到功能表選「程式」	
2	在下拉功能表選「程式選擇」，出現「程式內容」視窗	
3	出現「程式一覽表」視窗	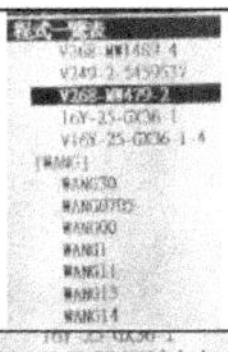
4	移動游標到想被複製的檔名 WANG30 上	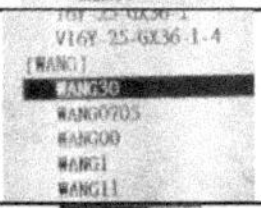
	到功能表選「程式」，在下拉功能表選「程式複製」	
5	輸入新檔名 WANG301，按輸入鍵	
6	出現複製交談盒，按「是」	
7	新程式會複製到相同資料夾內	

二、刪除程式

　　　　有兩種方式可以做刪除程式，一是在程式內容視窗執行，二是在程式一覽表視窗執行。在程式內容視窗執行刪除程式，操作方法如表 5-9：

表 5-9　在程式內容視窗執行刪除程式

步驟	做法	圖示
1	在 TEACH 模式下，到主功能表選「程式內容」	
2	在次功能表選「程式內容」，出現程式內容視窗	

步驟	做法	圖示
3	在功能表區選「程式」，在次功能表選「程式刪除」。	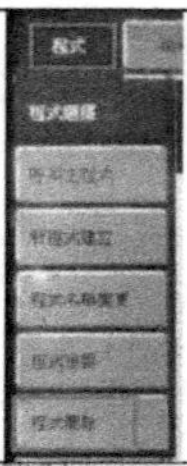
4	出現刪除交談盒，按「是」	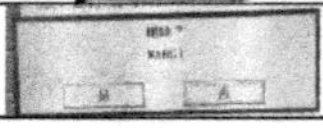

在程式一覽表視窗執行複製程式，操作方法如表 5-10：

表 5-10　在程式一覽表視窗執行刪除程式

步驟	做法	圖示
1	在 TEACH 模式下，到功能表「程式」下拉功能表選「程式刪除」	
2	出現「程式名稱」視窗	
3	移動游標到想被刪除的檔名 copy1 上	
4	按輸入鍵	
5	出現刪除交談盒，按「是」	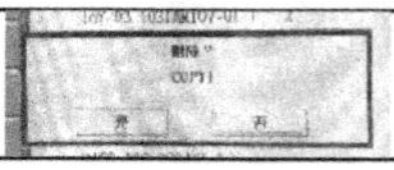
6	程式一覽表中 COPY1 不見了	

三、修改程式檔名(Remane Job)

有兩種方式可以做程式檔名修改，一是在程式內容視窗執行，二是在程式一覽表視窗執行。在程式內容視窗執行程式檔名修改，操作方法如表 5-11：

表 5-11　在程式內容視窗執行程式檔名修改

步驟	做法	圖示
1	在 TEACH 模式下，到主功能表選「程式內容」	
2	在次功能表選「程式內容」，出現程式 LASER1 內容視窗	

步驟	做法	圖示
3	在功能表區選「程式」	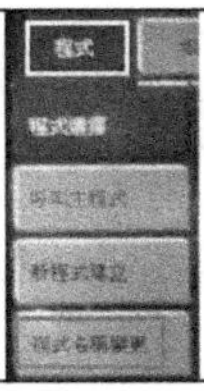
4	在下拉功能表選「程式名稱變更」	
5	輸入新檔名 RENEME，按輸入鍵	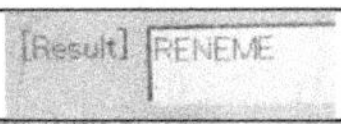 [Result] RENEME
6	出現重新命名交談盒，按「是」	
7	「程式一覽表」視窗出現新檔名 RENEME	

在程式一覽表視窗執行程式檔名修改，操作方法如表 5-12：

表 5-12　在程式一覽表視窗執行程式檔名修改

步驟	做法	圖示
1	在 TEACH 模式下，到功能表選「程式」	
2	在下拉功能表選「程式選擇」，出現「程式一覽表」視窗	
3	移動游標到想被修改的檔名 Laser 上	
4	到功能表選「程式」，在下拉功能表選「程式名稱變更」	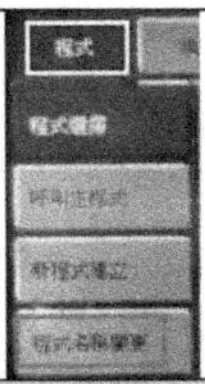
	輸入新檔名 Changename，按輸入鍵	 [Result] CHANGENAME
5	出現重新命名交談盒交談盒，按「是」	 重新命名？ LASER -> CHANGENAME 是 否
6	「程式一覽表」視窗出現 Changename 檔名	 程式一覽表 [NONE] CHANGENAME RENEME DELETE

四、管理程式資料夾

　　最多可以建立 100 個資料夾，資料夾名稱最多 32 個字元（byte）。資料夾名稱「none」相當於根目錄名稱，是不能被改名的。未歸類到資料夾的檔名，都放在根

目錄下。

1. 呈現方式與搜尋

　　一開始建立新程式都放在 none 資料夾下，日後如果有需要建立資料夾，就會放在最後面。當 none 資料夾內檔案很多時，要用游標向下找到自己建立的資料夾，就要花很多時間。

　　要想快速找到檔名時，可以利用檔名、日期順序、檔案分別顯示來尋找。搜尋的前提是在 TEACH 模式下，已看到「程式一覽表」視窗，利用檔名找出程式的操作方法如表 5-13：

表 5-13　利用檔名找出程式

步驟	做法	圖示
1	在功能表區選「畫面」	
2	在下拉表中選「名稱序」	
3	程式一覽表中改以名稱的順序展示檔名	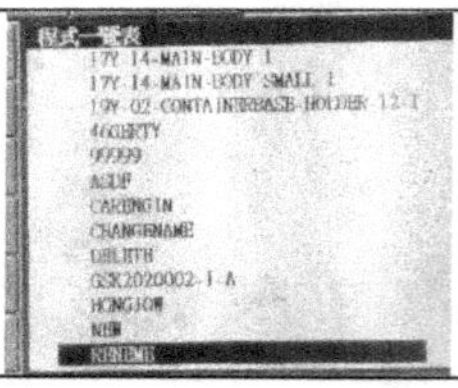

　　名稱的順序是先數字後字母，數字由小而大排序，字母則從 A 到 Z。資料夾則以 none 資料夾放最前面。再次選擇「公用」，在下拉表中的「名稱序」前會出現「＊」號。

　　常常要找的檔案是最近建立的，用日期順序去找比較有利。利用檔案建立日期順序找出程式的操作方法如表 5-14：

表 5-14　利用檔案建立日期順序找出程式

步驟	做法	圖示
1	在功能表區選「畫面」	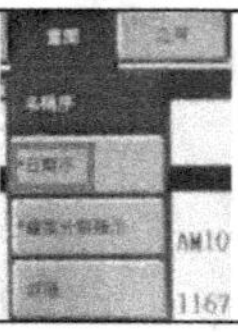
2	在下拉表中選「日期序」	

3	程式一覽表中改以日期的順序展示檔名	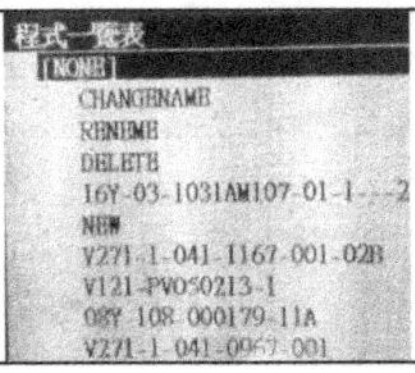

再次選擇「公用」，在下拉表中的「日期序」前會出現「*」號。

想看到各資料夾內有那些檔案，找出程式的操作方法如表 5-15：

表 5-15　想看到各資料夾內有那些檔案

步驟	做法	圖示
1	在功能表區選「畫面」	
2	在下拉表中選「檔案分別顯示」	
3	程式一覽表中先呈現 NONE 資料夾內的各檔名，接著以資料夾名稱順序展示各資料夾內的檔名	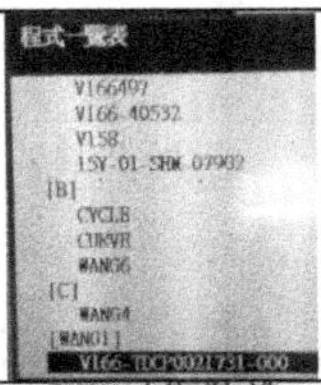
4	將游標移動到某資料夾名稱如 B 上	
5	按選擇鍵，B 資料夾內的檔名都不見，被收斂起來。	
6	再按選擇鍵，B 資料夾內的檔名都被展開而能看見	

　　如果有資料夾名稱，但是其內無任何程式時，該資料夾是不會顯示出來。NONE 資料夾無法被收斂起來。在此並見不到 FOLDER 等資料夾名稱。再次選擇「公用」，在下拉表中的「檔案分別顯示」前會出現「*」號。

　　不想看到各資料夾，只看到程式檔名的操作方法如表 5-16：

表 5-16　不想看到各資料夾，只看到程式檔名

步驟	做法	圖示
1	在功能表區選「公用」	
2	在下拉表中選「*檔案分別顯示」	
3	程式一覽表中只看到程式檔名	

2.　建立新資料夾

　　如果有些檔案想歸屬某公司或某人時，可建立專屬資料夾。100 個資料夾是依 NONE、FOLDER001 到 FOLDER099。建立新資料夾必須將 FOLDER001 到 FOLDER099 之中，找任一個進行改名。改完名字後，仍放在該 FOLDER 所在位置，不會依字母順序排列。建立新資料夾，操作方法如表 5-17：

表 5-17　建立新資料夾

步驟	做法	圖示
1	出現程式一覽表視窗中	
2	按功能表「程式」	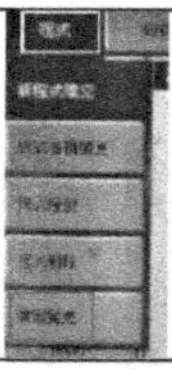
3	在下位功能表中選「檔案變更」	
4	出現原始「程式一覽表」視窗	
5	將游標移到 FOLDER001 上	
6	按功能表「資料」選項	
7	在下位功能表中選「檔案名稱變更」	
8	在螢幕鍵盤輸入新名稱 B，按輸入鍵	
9	FOLDER001 位置已改為 B	
10	依前面作法將 FOLDER002 資料夾改名為 C	

3. 修改資料夾名稱

　　對於已建立的資料夾，想更改其名稱時，操作方法如表 5-18：

表 5-18　修改資料夾名稱

步驟	做法	圖示
1	出現資料夾一覽表視窗	
2	將游標移到某資料夾名稱 wang 上	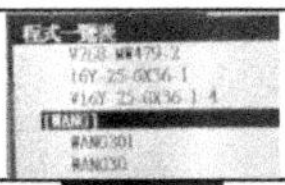
3	到功能表選「程式」，在下拉功能表選「檔案名稱變更」	
4	在螢幕鍵盤輸入新名稱 wang1	
5	按輸入鍵或 Eneter，資料夾名稱已更改 wang1	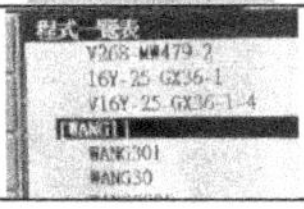

4. 建立新程式所屬資料夾

　　當程式希望放到特定的資料夾內，是在新建程式時，同步設定所屬資料夾。操作方法如表 5-19：

表 5-19 新建程式時，同步設定所屬資料夾

步驟	做法	圖示
1	依程序建立新程式，開啟新程式建視窗後，將游標移動到「程式資料夾」右側	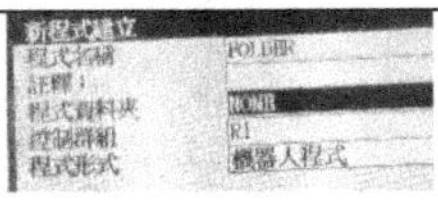
2	按選擇鍵，出現「程式資料夾一覽」視窗	
3	移動游標到想放入的資料夾名稱 wang1 上	
4	按選擇鍵，新程式建視窗出現該資料夾名稱 wang1	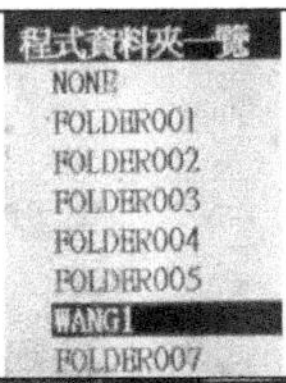
5	當新程式建視窗的所有選項都設定好之後，按「執行」	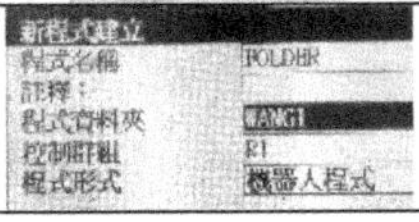

| 6 | 進入程式內容視窗 |  |

5. 改變程式所屬資料夾

當程式放到某資料夾內,包括 NONE 資料夾。當需要將程式放到別的資料夾內,改變單一程式所屬資料夾操作方法如表 5-20:

表 5-20 改變單一程式所屬資料夾

步驟	做法	圖示
1	出現程式一覽視窗	
2	將游標移到程式檔名如 FOLDER 上	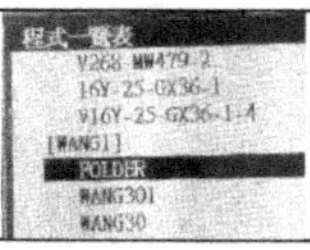
3	到功能表選「程式」,在下拉功能表選「檔案變更」	
4	出現「程式資料夾一覽」視窗	
5	將游標移到想要的資料夾名稱 NONE 上	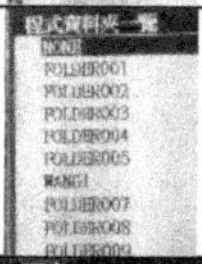
6	按選擇鍵,該檔案已移入目的資料夾內	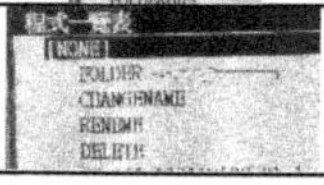

改變多條程式所屬資料夾操作方法如表 5-21:

表 5-21 改變多條程式所屬資料夾

步驟	做法	圖示
1	出現程式一覽表視窗	
2	將游標移到某程式檔名上	
3	同時按「移位鍵」+「選擇鍵」,程式前面出現大圓點	
4	個別去選其他程式,同時按「移位鍵」+「選擇鍵」,被選前面都出現大圓點	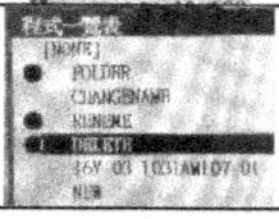

5	按功能表的「程式」，在下拉功能表中選「檔案變更」	
6	在「程式資料夾一覽」視窗，將游標移到想要的資料夾名稱上	
7	按選擇鍵，該檔案們已移入目的資料夾內	

伍、角銲織動條件設定

織動條件除了可設定角銲外，也可設定平銲。要設定的項目有很多，但是擺弧條件以頻率和移動時間來設定時，看到的畫面有所不同。如圖 5-8 到圖 5-11 所示，頻率形式會比移動時間形式少<移動時間>區間的選項。

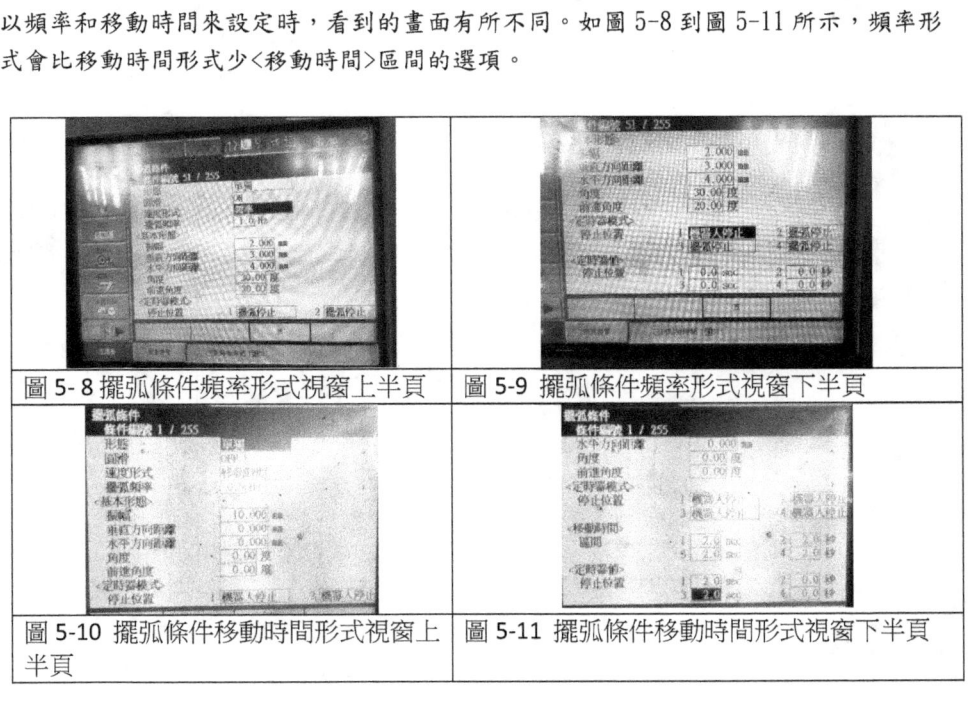

圖 5-8 擺弧條件頻率形式視窗上半頁	圖 5-9 擺弧條件頻率形式視窗下半頁
圖 5-10 擺弧條件移動時間形式視窗上半頁	圖 5-11 擺弧條件移動時間形式視窗下半頁

游標移動到任一選項上，按選擇鍵後，進行選擇。各選項的意義如下:

一、條件編號(weaving cond. No.)

可設 255 個，從 1 到 255 號。

二、形態

指織動銲接有單獨(0)、三角(1)、L型(2)等三種形態，圖示如圖 5-12:

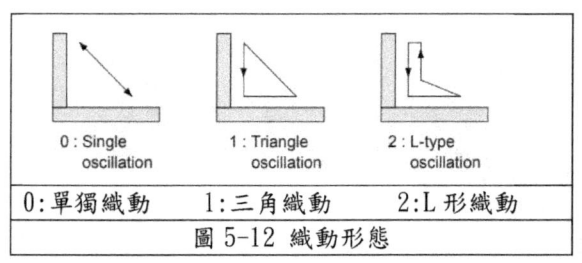

| 0 : Single oscillation | 1 : Triangle oscillation | 2 : L-type oscillation |
| 0:單獨織動 | 1:三角織動 | 2:L 形織動 |

圖 5-12 織動形態

三、圓滑

織動銲接在轉角處是否有圓滑軌跡。ON 代表有圓滑(圖 5-13)，OFF 代表無圓滑(圖 5-14)。

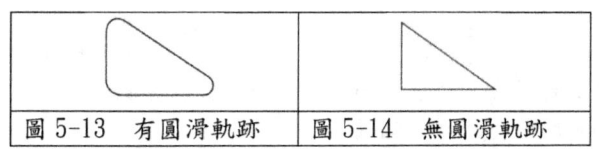

| 圖 5-13 有圓滑軌跡 | 圖 5-14 無圓滑軌跡 |

四、速度形式

頻率或移動時間（moving time）二選一。頻率指每秒鐘完成幾個織動。如圖 5-15，將每一個織動分成 3 到 4 個區段(section)，區段的編碼①到④。移動時間是指每個織動區段的運行時間。

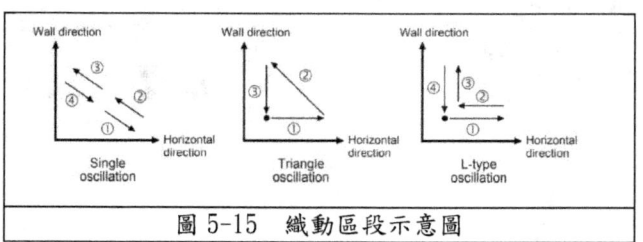

圖 5-15 織動區段示意圖

五、擺弧頻率

當速度形式設定為頻率時，最大頻率和振幅之間的關係如表 5-22 所示。依振幅去設定頻率的大小，當頻率超過最大限度時，會出現錯誤訊息。

表 5-22 振幅和頻率之間的關係

| 振幅(mm) | 50 | 30 | 20 | 10 |
| 最大頻率(Hz) | 1-2 | 2-3 | 3-4 | 4-5 |

六、振幅

振幅代表銲道的寬度，實際結果會依熔池大小而改變。

七、垂直方向距離

代表水平角銲時，垂直方向的高度，即垂直角長。高度設定在 1-25mm 之間，如圖 5-16 所示。

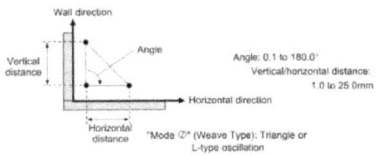

圖 5-16　水平角銲示意圖

八、水平方向距離

代表水平角銲時，水平方向的距離，即水平角長。距離設定在 1-25mm 之間，如上圖 5-所示。

九、角度

單式織動時，角度指槍頭運動形成平面與水平線順時鐘方向夾角，如圖 5-17 所示。限定在 0.1-180 度之間。角度非常小時，織動接近對接織動。三角和 L 型，角度指垂直方向和水平方向織動的夾角，如上圖 5-16 所示。操作手冊限定在 0.1-180 度之間，但是輸入 0 也可接受。

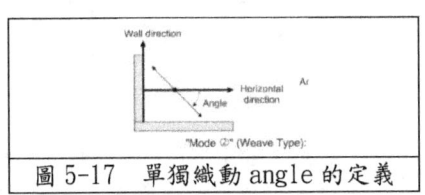

圖 5-17　單獨織動 angle 的定義

十、前進角度（Travel angle）

銲槍織動軌跡與銲道垂直線的夾角（圖 5-18，圖 5-19）。

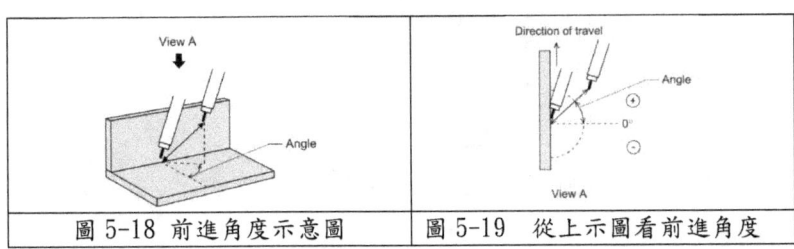

圖 5-18　前進角度示意圖　　圖 5-19　從上示圖看前進角度

十一、　〈定時器模式〉停止位置

　　　　有擺弧停止和機器人停止兩種形式。如圖 5-20 所示，擺弧停止指織動停止，但手臂繼續移動。機器人停止指手臂正常織動，如圖 5-21 所示。

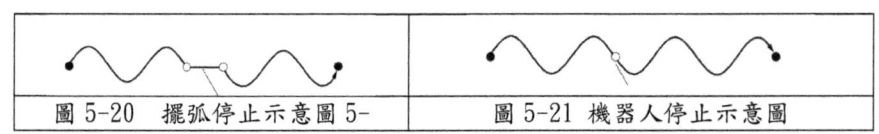

| 圖 5-20　擺弧停止示意圖 5- | 圖 5-21　機器人停止示意圖 |

　　　　編號 1、3 代表在銲道兩側的位置。編號 2、4 代表在銲道中心的位置

十二、　〈移動時間〉區間

　　　　指每個織動不同區段的運行時間，至少 0.1 秒。區段的編號如圖 5-15 所示。

十三、　〈定時器值〉停止位置

　　　　有擺弧停止和機器人停止兩種形式(圖 5-22)。

圖 5-22　〈定時器值〉停止位置

陸、角銲織動練習

　　　　分別練習水平角銲與圓弧角銲。一開始先練習不織動，然後再加入織動條件。圓弧分成多個定位點，隨著銲接順序，因為熱量越來越熱，需要逐步加快銲接速度。銲槍與材料的角度與距離，也是很重要的定位。

柒、CO_2 銲接電弧指令

　　　　可設定電弧的電流、電壓、速度等。一是直接設定相關條件；二是設定銲接條件編號。在此介紹前者，例如在某定位點開始要改變電流，程式內容如圖 5-23。設定方式如表 5-23。

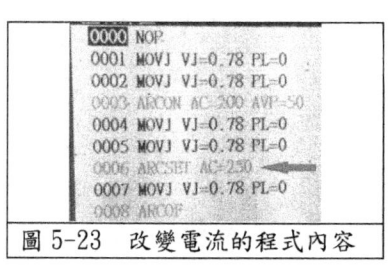

圖 5-23　改變電流的程式內容

表 5-23　ARCSET 設定方法

步驟	做法	圖示
1	游標移到插入位置前一列程式上	
2	按指令一覽鍵，出現功能表	
3	按「作業」選項	
4	按「ARCSET」選項	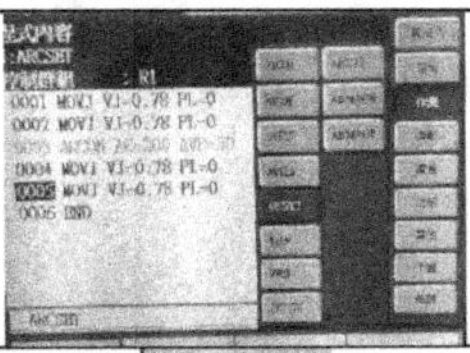
5	輸入緩衝列出現 ARCSET 反黑	
6	按選擇鍵，出現 ARCSET 詳細編輯視窗，游標停在 AC=	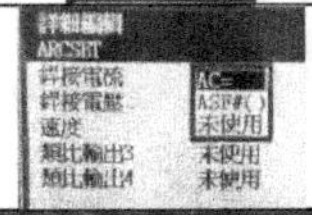
7	按選擇鍵，游標停在 AC=	
8	游標向右移到數值 1 上，1 反黑	
9	輸入 250，按輸入鍵	
10	銲接電流和輸入緩衝列都是 AC=250	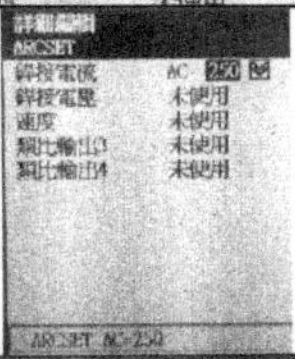
11	按輸入鍵，回到程式內容視窗 ，程式新增一列程式有 ARCSET 指令	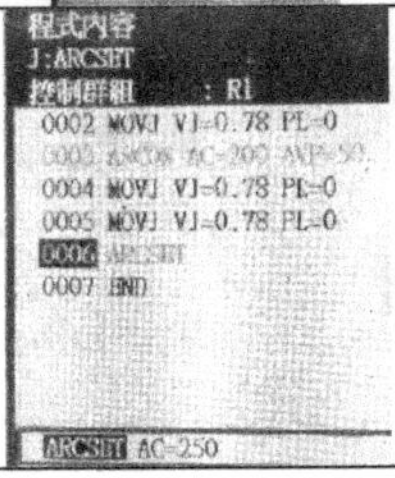
12	按功能表「先前」，功能表消失	
13	按主功能表「程式內容」	
14	按次功能表「程式內容」，回到程式內容視窗	

　　ARCSET 詳細編輯視窗中，銲接電壓設定是依百分比。類比輸出輸出 3 和 4，可設定電壓值 -14 到 14V，便不是依百分比。

捌、氬銲機介紹

　　搭配氬銲手臂的氬銲機，品牌是 Panasonic Yc-300wx4(圖 5-24)，本機種屬於高級

機種，市面上較為少見，因為面板為日文，不易判讀上面的標示。搭配氬銲手臂後的氬銲機，是否像單獨存在時的功能，值得了解。

圖 5-24　氬銲配備

一、面板介紹

　　　　轉鈕和按鈕的功能註解於日文附近，請看圖 5-25。

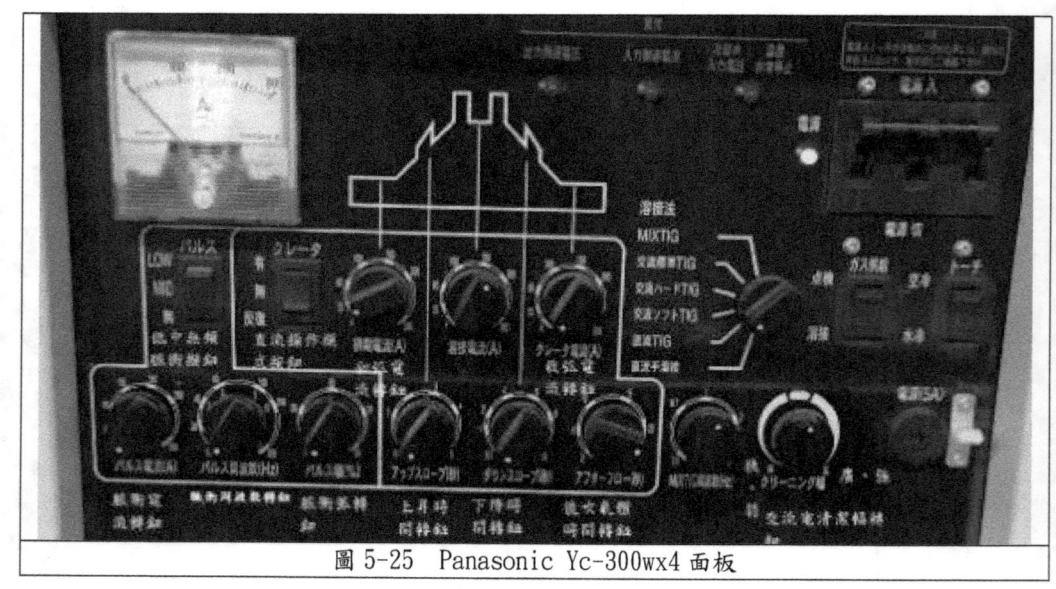

圖 5-25　Panasonic Yc-300wx4 面板

二、在機器手臂控制下的功能

　　　　多數轉鈕和按鈕仍可用，只是起弧、收弧和熔接電流；上昇、下降和後吹時間；直流手熔接；直流操作模式按鈕的有和反復等都沒用。

玖、氬銲起弧和收弧指令設定

　　　氬銲時，一開始會在銲接起始點稍為停留一段時間，等熔池形成所需大小後，再開始移動。在起弧之前會預吹氬氣。一開始的電流較小，是為了尋找起銲點或是形成熔池，當起銲點到達後，開始提高到熔接電流。在銲接結束點前，會開始調降電流，防止過熔產生穿孔。等電弧中斷後，會繼續吹出氬氣保護熔池和鎢棒不受污染。這整個過程被切割成兩部分，起弧電流到熔接電流階段屬起弧條件設定範圍。熔接電流下降到電弧

中斷，包括後吹是收弧條件的設定範圍。

一、起弧條件

　　　起弧指令是 ARCON，當按起弧鍵加入 ARCON 指令時，可以單純設定電流和電壓大小，也可設定用幾號銲接條件編號。單純設定電流和電壓大小是從頭到尾保持恆定。銲接條件編號則可以細節的設定前吹、銲接開始是低電弧，然後變成大電弧進行銲接。以下說明銲接條件編號的起弧條件設定方法，操作方法如表 5-24：

表 5-24　氬銲銲接條件編號的起弧設定

步驟	做法	圖示
1	主功能表選「電弧銲接」，次功能表選「起弧條件」。	
2	在起弧條件檔案視窗中，填入序號50，在「銲接條件」頁內，將「起弧條件（有效）」打勾。輸入電流、電壓和速度。	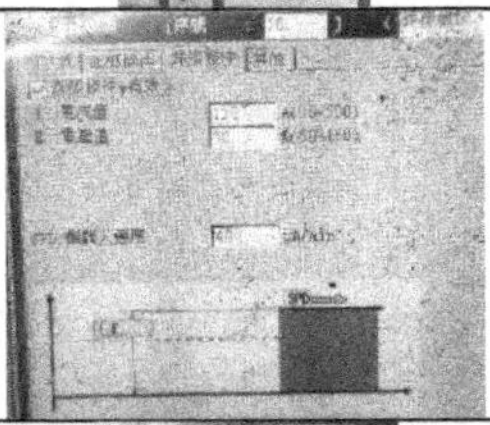
3	到預吹氣頁內設定預吹時間	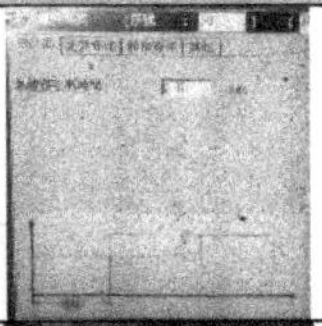
4	到「起弧條件」頁內，勾選「SLOPE（有效）」。設定電流值、電壓值、機器人停止時間、機器人速度、SLP：SLOPE 距離。	
5	到「其他」頁內，勾選「再起弧（有效）」。做再起弧模式等設定。	
6	按起弧鍵，設定銲接條件編號ASF#(50)。	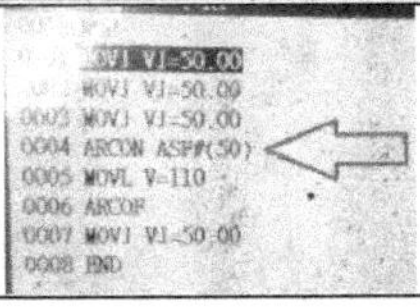

先到「銲接條件」頁內，將「起弧條件（有效）」打勾後。才看得到起弧條件頁內容。機器人速度將覆蓋定位點之間所設定的速度。銲接條件編號的起弧設定可以隨時修改，程式中如果有顯示用到銲接條件編號，會用最新設定結果去施銲。

二、收弧條件

　　收弧指令是 ARCOF，當按收弧鍵加入 ARCOF 指令時，可以用馬上斷弧方法，也可設定用幾號銲接收弧條件編號。馬上斷弧則無後吹。銲接收弧條件編號則可以細節的設定銲接電弧變小的時間，然後斷弧。氬氣也可繼續後吹。表 5-25 說明銲接收弧條件編號的收弧條件設定方法，

表 5-25　氬銲銲接收弧條件編號的收弧設定

步驟	做法	圖示
1	主功能表選「電弧銲接」，次功能表選「收弧條件」。	
2	在收弧條件檔案視窗中，填入序號 50，在「填坑條件 1」頁內，將「SLOPE（有效）」打勾。輸入電流、電壓、機器人速度、機器人停止時間和距離等數值。	
3	在「其他」頁內設定後吹氣時間。	
4	按收弧鍵，設定銲接收弧條件編號 AEF#(50)。	0006 ARCOF AEF#(50) 0007 MOVJ VJ=50.00 0008 END

　　「填坑條件 2」頁內容在板金上用不到，故不用設定。銲接收弧條件編號的收弧設定可以隨時修改，程式中如果有顯示用到銲接收弧條件編號，會用最新設定結果去做結尾動作。

壹拾、　撞機排除

　　新手在操作手臂的定位點時，容易不小心撞上工作台而無法移動(圖 5-26)，此時如何排除，請依表 5-26 操作。

圖 5-26　操作手臂撞上工作台而無法移動

表 5-26 撞機排除操作方法

步驟	做法	圖示
1	PLAY 模式下，主功能表上選「機器人」	
2	次功能表選「過行程及碰撞感知」	
3	在「過行程及碰撞感知解除」視窗左下角，按「解除」	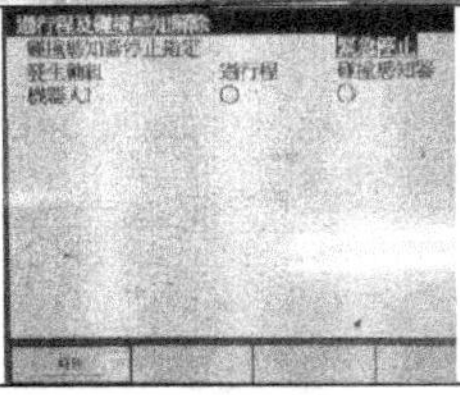
4	用軸操作鍵將手臂移開工作台	

「過行程及碰撞感知解除」視窗在撞機情形下，會顯示撞機結果是過行程或是碰撞感知器。

壹拾壹、　　安全模式

為了使手臂的操作具有穩定性，不能讓所有人隨意更改內部參數，因此需規劃不同的權限。操作人員最多只能手臂啟動和停止的操作。寫程式人員能做到程式內參數的設定。而管理者可以做控制權限管理、數值內定、時間內定等管理性操作。在螢幕的右上角狀態顯示區，可以看出安全模式的權限。權限越高，能看到的選項越多。

一、模式種類

安全模式是規定操作的權限，共有五種模式：操作、編輯、管理、安全及一次性管理。在公司內一通只看到前三種模式，每天開機後，會位於編輯模式。分別介紹如下：

1. 操作模式

標誌為一支鑰匙。權限是操作者能監視程式列的啟動和運作。如果有任何不順，可以進行維修。

2. 編輯模式

標誌為兩支鑰匙。權限是操作者能編寫程式、慢速移動手臂、編寫條件檔案供程式使用。

3. 管理模式

標誌為三支鑰匙。權限是操作者能執行設定和維護機器的參數、時間。變更密碼。

二、密碼

編輯和管理模式密碼是由 4 個以上，16 個以下的數字與字母組成。編輯模式內定密碼是 16 個 0，管理模式內定密碼是 16 個 9。密碼變更安全模式的操作方法如表 5-27：

表 5-27　變更安全模式的操作

步驟	做法	圖示
1	在主功能表選擇「系統資訊」，出現次功能表	
2	在次功能表選擇「安全」	
3	出現「安全」視窗	
4	按選擇鍵，出現交談盒	
5	將游標移到任一列，如管理模式	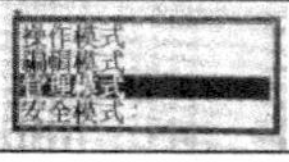
6	按選擇鍵，出現密碼長方框	
7	輸入密碼 16 個 9，一直按 9 到底。	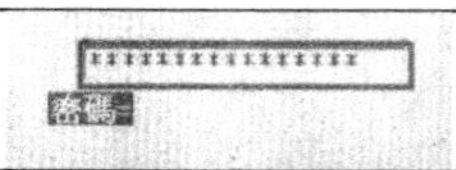
8	按輸入鍵，模式已變更成管理模式，狀態顯示區的鑰匙數量已變更成三支	

輸入密碼時，只會呈現「＊」字號。在管理模式要降為編輯模式時，依上表操作，不用輸入密碼，就能完成變更。當關機後，會回到編號模式。

三、控制權限區別

　　為了解主功能表的次功能表在何種權限下，能夠顯示或是編輯（能被修改）的情形，以下對部分內容做說明(表 5-28，表 5-29)。其他的請看原廠操作手冊。

表 5-28　程式內容各次選項的安全模式

主功能表選項	次功能表選項	容許安全模式	
		顯示於螢幕	可進行編輯
程式內容	程式內容	操作模式	編輯模式
	程式選擇	操作模式	操作模式
	建立新程式（註一）	編輯模式	編輯模式
	主程式	操作模式	編輯模式
	程式容量	操作模式	－
	預約啟動程式（註一）	編輯模式	編輯模式
	循環	操作模式	操作模式
	刪除程式一覽（註二）	編輯模式	編輯模式
	再生程式編輯	編輯模式	編輯模式
	再生執行中編輯程式一覽	編輯模式	編輯模式

註一：只有在 TEACH 模式下顯示。
註二：只有在 PLAY 模式下顯示。

表 5-29　控制器設定各次選項的安全模式

主功能表選項	次功能表選項	容許安全模式	
		顯示於螢幕	可進行編輯
控制器設定	教導條件設定	編輯模式	編輯模式
	操作條件設定	管理模式	管理模式
	操作許可設定	管理模式	管理模式
	機能有效設定	管理模式	管理模式

　　「預約啟動程式」選項是否能被看到(圖 5-27)，必須由管理模式去設定。如果有則在次功能表看得到，並能開啟「預約起動程式」視窗(圖 5-28)。「預約啟動程式」選項能被看到的操作方法如表 5-30：

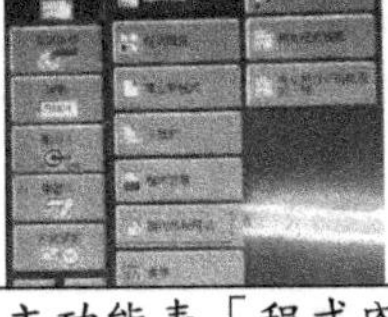

圖 5-27　主功能表「程式內容」，在次功能表中可以看到「預約啟動程式」選項	圖 5-28　「預約起動程式」視窗

表 5-30　　設定「預約啟動程式」選項能被看到

步驟	做法	圖示
1	在 TEACH 模式下，按主功能表下面的向右頁切換鍵	
2	在次功能表中按「控制器設定」	
	在次功能表中，按「機能有效設定」選項	
3	出現「機能有效設定」視窗	
4	游標下移到「預約啟動」選項	
5	按選擇鍵，將「許可」改為「禁止」	
6	按主功能表下面的向左頁切換鍵	
7	按主功能表「程式內容」，在次功能表中可以看到「預約啟動程式」選項	

「預約啟動」選項的許可或禁止(圖 5-29)，可以改變「預約啟動程式」選項的存在或消失。

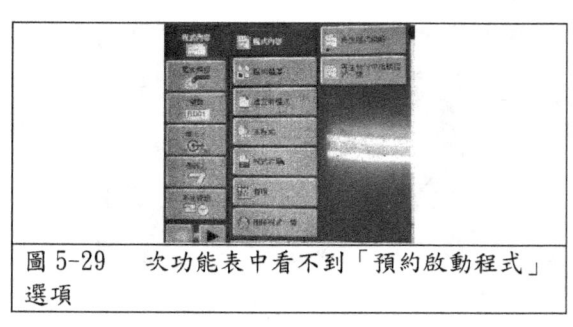

圖 5-29　　次功能表中看不到「預約啟動程式」選項

壹拾貳、　設定 Start 鈕生效處

　　設定 Start 鈕生效處必須安全模式在管理模式才能做設定。如同前表操作，主功能表「程式內容」，在次功能表中可以看到「預約啟動程式」選項者，代表用啟動開關的 Start 鈕去執行實際銲接工作。在次功能表中看不到「預約啟動程式」選項者，如下圖 5-。代表用教導盒的 Start 鈕去執行實際銲接工作。

壹拾參、　實務操作注意事項

　　在實務操作中，要注意各種手臂的注意事項和共同注意事項。

一、共同

　　1·不可研磨工作台，影響表面精度。。

二、CO_2 手臂

1. 由控制器啟動 START 鈕，但是啟動器有兩個時，啟動器上有編號，要注意使用那一個。
2. 程式寫好後，要做「預約起動程式」設定，並注意編號位置，才會在 PLAY 模式下執行。
3. 也可做收弧條件設定。
4. CO_2 輸出壓力要依板厚等條件調整。
5. 在起弧條件設定的條件導引頁面，可以計算出電流及電壓值，再用寫入方式加入銲接條件之中。

三、氬銲手臂

1. 因為折曲結果有時會不一樣，因此銲接前，要檢查銲縫是否密合，主要時間隙大小和平整度。銲縫不密合會產生未熔合的現象。
2. 鎢棒尖端被污染或變形，會產生銲接不良結果，要隨時注意研磨。
3. 因為由教導盒啟動 START 鈕，要讓游標停在程式開頭，才能啟動。
4. 使用脈衝波銲接時，大電流由程式中設定，小電流及脈衝周波數在氬銲機上控制。

四、雷射手臂

1. 銲接品質不好時，除更改加工條件以外，也可觀察鏡片是否太髒。
2. 實際加工時，隨時注意加工結果是否正常。
3. 銲接鋁材屬於角隅接頭(圖 5-30)，用對接方式施銲，到尾端時拉高銲槍，可防止凹陷。

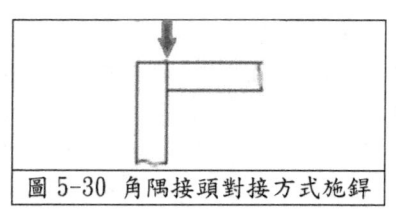

圖 5-30 角隅接頭對接方式施銲

4. 銲接鋁合金容易損壞鏡片，新換的鏡片剛開始銲接品質良好，當銲 30 個回收箱後，便開始出現問題。

5. 雷射光不要垂直照射金屬材料上，以免反射光將鏡片燒毀。

6. 材料不要放在工作台正中央，有時會使槍頭無法移動。出現脹波限制超過〔R1. Max SLURUT〕訊息。

7. 要修正某定位點位置時，要讓手臂移動到該程式所設定的定位點後，才能開始做修正動作。

8. 角隅接頭只要有滲透，銲完後研磨圓弧外觀，便可看不到銲道。滲透越深，圓弧角半徑可越大。

9. 重做已做過的成品，當治具架設好後，材料固定好。除了定位點要重新確認，也要依銲接結果修正輸出功率、槍頭與材料的距離。當前述條件正確後，在檢查路徑過程中，去調整保護氣體噴嘴的姿勢，使其能對準熔池，並不會碰到材料

10. 雷射發振器啟動完成時間不等，最慢可達 10 分鐘。

11. AIO 電腦開機後，有時直接可進入看到銲縫情形，有時要等久。要等螢幕中所有指示燈號都亮起，才能操作。

12. 操作中會使用到旋轉工作台，控制群組未設 R1+S1，實際操作時，旋轉工作台不會轉動。R1 無法變更為 R1+S1，程式要重寫。

13. 在手臂上方的雷射光纖要隨時注意有無保持圓滑的弧度，如果弧度太直時，容易讓手臂拉扯雷射光纖，造成損壞。

壹拾肆、　　使用安全事項

　　在實務操作中，要注意各種手臂的安全事項和共同安全事項。

一、共同

1. 執行前和過程中，自己不要進入手臂運動範圍。也要注意旁人的進入。

2. 銲接鍍鋅鋼板，人要遠離銲槍，避免吸入有毒氣體。

3. 要有遮光物防止強光外洩，影響他人。

二、CO_2 手臂

1. 手控銲線送出時，不要讓銲線向人穿刺。

三、氬銲手臂

1. 不要用手遮強光，要用銲接面罩遮光。

四、雷射手臂

1. 操作中要載上雷射專用護目鏡，才能真正有效阻擋雷射光。

壹拾伍、　　　後續研究方向

因為時間和能力問題，目前只能寫出大部分內容。仍有部分內容有待研究與補充，提升銲接技術的精進。

一、Teaching Line 座標原理與應用。

二、氬銲送線指令。

三、程式一覽比較。

四、作業原點校正。

五、參考點意義、設定與應用。

六、工具編號意義與應用

七、叫入子程式。

八、雷射條設定方法。

九、銲接類指令補充。

十、反向路徑程式。

十一、　銲接應用實例。

十二、　銲接應用研究。

附錄一：參考資料

1 · YASKAWA ROBOT MOTOR HP-20 使用手冊。統旺科技。2011 年 10 月 23 日。第 1.3 版。

2 · ROBOT 操作說明書。安城國際公司。

3 · 焊接機械人教學。志鋼金屬公司。2014 年。

4 · DX200 OPERATOR'S MANUAL FOR SPOT WELDING USING MOTOR GUN。Yaskawa America, Inc。2015 年。第 4 版。

5 · DX200 OPTIONS INSTRUCTIONS FOR INFORM LANGUAGE。Yaskawa America, Inc。2015 年。第 1 版。

6 · Motoman NX100 Controller Operator's Manual for General Purpose。Yaskawa America, Inc。2007 年。第 1 版。

附錄二：yaskawa 銲接機器人英文用辭翻譯

英文	中文	備註
Active Window	現役視窗	
abnormality	異常	〔æbnɒrˋmælətɪ〕
access	讀取、存取	
aimed	目標、目的	當名詞用時
Alarm Status	錯誤警報狀態	◉，警报中（簡体）
Allocation	分配	
Alphanumeric	英文字母和數字的	
alternately	輪流的	KK[ˋɔltənɪtlɪ];
Amplitude	振幅	0.1-99.9mm
Angle	角度	單獨織動時，與水平線往順時鐘方向夾角。三角及L型織動時，垂直方向與水平方向織動的夾角。
ASSIST key	協助鍵	幫助鍵（簡体）
asterisk	星號	(*).
Area key	區域鍵	区域键（簡体）
auxiliary	輔助的	〔ɒgˋzɪljərɪ〕
Axis keys	軸操作鍵	轴操作键（簡体）
BACK SPACE	倒退刪除	
Base	基座、基地	
blink	閃爍	
box	（表格上的）方框	如 confirmation dialog box
BWD	由後向前鍵、上一步鍵	后退键（簡体）
buffer	[計算機]緩存區	
CANCEL key	清除鍵	消除键（簡体）
Calibration	校正	
Cartesian Coordinates	直角坐標	[koˋɔrdnɪt] 直角坐标系（簡体）
CHANGE FONT	字型變更	
CHANGE BUTTON	按鈕大小變更	
CHANGE WINDOW PATTERN	變更視窗模式	
Check Mode Operation	檢查模式操作	使引弧等工作指令無效
CHECK-RUN	檢查運轉	
Commenting	註解、評論	
commented out	註解排除	指使用程式的註解指令暫時性的將一行或多行的程式碼去能，即暫時將這幾行程式視為註解
Command	指令	
Command position	指令值	

English	繁體	簡體
Comment	註釋	
COORD key	座標鍵	
Continuous	連續運動	，连续
conversion	轉換	
COORD key	座標鍵	坐标键（簡体）
COPY JOB	程式複製	
Cre new job	建立新程式	
Cursor key	游標鍵	光标键（簡体）
Curve	曲線	
Cycle	1 迴圈運動	，单循环（簡体）
Cylindrical Coordinates	圓柱座標	實為極座標
Data item	資料項目	数据（簡体），位於螢幕左上角。同一位置有時會顯示程式
default	結果，默認，不履行	
default location	預設位置	
DELETE key	刪除鍵	刪除鍵（簡体）
DETAIL EDIT window	細節編輯視窗	
DIRECT OPEN key	直接切換鍵	直接打开鍵（簡体），可看到指令的內涵
Display item	畫面項目	位於螢幕左上角，显示（簡体）
DISPLAY SETUP	畫面設定	
Dress area	行號區域	
DRY-RUN	試運轉	
Edit item	編輯項目	位於螢幕左上角，
Edit Mode	編輯模式	編輯模式簡体）
Emergency stop button	緊急停止按鈕	急停（簡体）
Emergency Stop Status	緊急停止狀態	，急停中（簡体）
Enable switch	啟動開關、安全開關	启动开关（簡体）
END LINE	底部程式行	
Enter key	輸入鍵、確認鍵	回车鍵（簡体）
EX. AXIS key	外部軸切換鍵	外部轴切換鍵
EX.MEMORY	外部記憶體	
execute	執行	
exempt	被免除的；被豁免的	
Fixture	夾具	
Folder	文件夾、檔案分別顯示	
Function keys	功能鍵	专用鍵（簡体）
Full Window View	全螢幕內容	画面整体（簡体）

FWD key	由前向後鍵、下一步鍵	前進鍵（簡体）
General-purpose display area	通用顯示區、資料顯示區	通用显示区（簡体）
Grip	抓牢、抓住	
Group	組、小組、群、歸類	
Group operation axis	操作軸群組 可進軸的操作軸組	最多8台（机器人） 最多8軸（基座） 最多24軸（工装） 可进行轴操作的小组（簡体），有 robot, base, station 等。
HIGH SPEED key	高速鍵	
Hold button	暫停按鈕	暫停按钮（簡体）
Hold Status	暫停狀態	，暫停中（簡体）
Human interface display area	訊息顯示區 人機對話顯示區	信息显示区 input buffer line
Inching	寸動	微动（簡体）
INFORM LIST key	指令一覽鍵、指令清單鍵	命令一览鍵（簡体）
Input buffer line	輸入緩衝列	可以更改數值的地方
INITIALIZE LAYOUT	佈置初始化	
INTER LOCK key	互鎖鍵	聯鎖鍵（簡体）
interpolation	插入、添加、補間	如 joint interpolation
Interpolation type	補間形式	
Item	項目、細目	
Insertion slot for Compact Flash	CF 卡插入口	CF 卡 插槽（簡体）
INSERT key	插入鍵	追加鍵（簡体）
instruction	指令	
Instruction area	指令區域	
Instruction group	指令分類、指令歸類	
Instruction line	指令列	
invalid	無效的	
jig	夾具	
Job	程式、程式內容、任務、事情、職責、工作	
Job capacity	程式容量	
JOB HEADER	程式標題	
Job content item	程式內容項目	程序內容（簡体），位於螢幕左上角，
JOB CONTENT window	程式內容視窗	

JOB LIST	程式一覽	
Job item	程式項目	程序（簡体），位於螢幕左上角，
JOB STACK	程式推棧	
Joint	關節，連接，接頭、接合點	
Joint Coordinates	軸座標、關節座標	节坐标系
Keys Pressed Simultaneously	同時按下的鍵	同时按键（簡体）
Label	標號、稱呼、標籤	
lamp	n.燈· vt. 照亮· vi. 發亮	
Limit release	極限開關解除	
Linenear interpolation	直線的添加	如 MOVL，使手臂依直線軌跡運行於教導點之間。
Lit	點亮	
List	目錄、清單、表、一覽表、	
Lower Window View	視窗下方	画面下方（簡体）
Machine Lock	機械鎖定	
Management Mode	管理模式	
manipulator	機械手、操縱者	
MANUAL High SPEED key	手動升速鍵	
MANUAL slow SPEED key	手動降速鍵	
Manual speed	手動速度	手动速度（簡体）
Manual speed keys	手動速度鍵	
MAIN MENU key	主選單鍵	主菜單鍵（簡体）
Main menu	主功能表	
Main menu area	主功能表區、主選單區域	主菜单栏（簡体）
Man power switch	主電源旋鈕	主电源开关（簡体）
MASTER JOB	預約啟動程式	
Menu	功能表	
Menu Area	功能表區、選單區域	菜单栏
Manual speed keys	手動速度鍵	手动调速键（簡体）
Middle Window View	視窗中間	画面中央（簡体）
Mode	模式	位於螢幕右上角
Mode switch	模式轉（旋）鈕、執行模式切換鈕	模式鍵（簡体）
MODIFY key	變更鍵、更改鍵	修改鍵（簡体）
MONITORING TIME	管理時間	
Motion Type key	運動模式鍵、移動指令鍵、補間鍵	插补方式键（簡体）
move instruction	運動指令	如 MOVL
Numeric keys	數字鍵	数值键（簡体）

English	繁體	簡体/其他
Multi Layout key	多視窗版面鍵、多畫面顯示鍵	多画面窗口选择键（簡体）
multiple	多個的、多種的	
Multi Layout	多視窗版面	
Multi Window	多視窗	
nondisclosed	不公開	
Operation buttons		操作鍵（簡体），位於螢幕右下角
Operation coordinate system item	坐標系統項目、操作坐標系統、動作座標系	位於螢幕上方，动作坐标系（簡体）
Operation cycle	動作循環模式、動作迴圈	动作循环模式（簡体）
Operation Mode	操作模式	
Operating Status	操作中狀態	，运动中（簡体）
Oscillation	織動、擺動	
overlap	有共同之處、重疊	
Override	調整、操控、對（自動機器）改用手控、撤銷	
Overrun & s-sensor	過行程及碰撞感知	
Page	頁面	，頁 面（簡体）
Page key	頁面鍵、換頁鍵	翻页键（簡体）
Parabola	拋物線	〔pə`ræbələ〕
Parabolic	拋物線的	
Peripheral	周邊的	[pə'rifərəl]
Play	播放、表演、	
Playback	再生、實際執行，重放;重演;讀出;錄音再生	
Playback procedure	再生程序、實際執行程序，重演過程	程式完整跑一次
Playback window	再生視窗	
Play mode	Play 模式	，再現模式（簡体）
PM	預防保養	
Joint Interpolation	點補間	以 MOVJ 代表。
pull-down menu	下拉式目錄	
Primer	初階	
Programming Pendant	教導盒	示教编程器（簡体）
REFP key	參考點鍵	reference point
Reserved	預訂的	
RESERVED START	預約開啟	

ROBOT key	機器人切換鍵	机器人切換
Scrolling	在螢幕上滾動文件、滾屏	
SEARCH	搜尋	
section	區段、片段、部分	
Select job	程式選擇	
Select key	選擇鍵	选择键（簡体）
SERVO ON READY key	伺服電源備妥鍵	伺服准备键（簡体）
SERVO ON light or lamp	伺服電源燈	伺服接通燈
Second hom pos	第二原點	
Security mode	安全模式	
SETUP	控制器設定	
Shift value	位移量	
SIMPLE MENU key	簡易選單鍵	簡單菜單鍵（簡体）
Single oscillation	單獨織動	
SHIFT key	移位鍵	轉換鍵（簡体）
Shock sens level	衝突檢出等級	
Shortcut key	直接切換鍵	
Special Playback Operations	再生作業設定	
Stack	堆、堆疊	
Start button	開始按鈕	开始按钮（簡体）
SPECIAL PLAY	特殊運轉設定	在公用項目下之選項之一
Spline	活動曲線規	
Status display area	狀態顯示區	状态栏（簡体）
State under execution	執行狀態、執行中的狀態	执行状态（簡体）
Step	步進運動、單步、教導點	單步，位於螢幕右上角
Step NO	程式點編號	限運動指令前才有的連續編號
sticking	黏住、黏著	
sticking release	防止黏住	
Stop Status	停止狀態	，停止中
succession	一連串、接連	
tab	標籤	
tag	標號、標籤	
Taught step	教導點	
TEACHING CONDITION SETTING	教導條件設定	
Teach mode	教學模式	，示教模式
TEST START key	測試運轉鍵	试运行键（簡体）
Test Operations	空跑、試運行	
tilt	傾斜	
tip	尖端、頂點	
Tool Coordinates	工具座標	工具坐标系

Tool number	工具編號	位於螢幕右上角，工具编号（簡体）
Tool NO	工具編號	運動指令前會出現的工具編號
TOP LINE	頂端程式行	
Travel angle	織動運行角度	銲槍與銲道垂直線的夾角
Traverse Time	經歷時間	[ˈtrævəs] 簡稱 TRT
User coordinate	使用者座標	
Upper Window View	視窗上方	画面上方（簡体）
Utility item	公用項目	位於螢幕左上角，种实用工具（簡体）
Variable	變數	
vice versa.	反之亦然	
WEAVING	擺動、織動	
WEAV PROHIBIT IN CHECK-RUN	檢查運轉時，禁止織動	
Work instruction	工作指令	如 arc output
working envelope	工作範圍	手臂能運動的範圍
Work home position	作業原點	